树莓副产物的
综合开发与应用

杨静 著

U0205750

西南交通大学出版社
·成 都·

图书在版编目（ＣＩＰ）数据

树莓副产物的综合开发与应用 / 杨静著. —成都：
西南交通大学出版社，2020.1
ISBN 978-7-5643-7293-4

Ⅰ. ①树… Ⅱ. ①杨… Ⅲ. ①树莓 – 副产品 – 综合开
发 Ⅳ. ①S663.2

中国版本图书馆 CIP 数据核字（2019）第 284550 号

Shumei Fuchanwu de Zonghe Kaifa yu Yingyong
树莓副产物的综合开发与应用

责任编辑／牛　君
杨　静／著　　　　助理编辑／姜远平
封面设计／墨创文化

西南交通大学出版社出版发行

（四川省成都市金牛区二环路北一段 111 号西南交通大学创新大厦 21 楼　610031）
发行部电话：028-87600564　028-87600533
网址：http://www.xnjdcbs.com
印刷：成都蜀通印务有限责任公司

成品尺寸　185 mm×260 mm
印张　9.25　字数　201 千
版次　2020 年 1 月第 1 版
印次　2020 年 1 月第 1 次

书号　ISBN 978-7-5643-7293-4
定价　49.00 元

图书如有印装质量问题　本社负责退换
版权所有　盗版必究　举报电话：028-87600562

前　言

　　随着现代科技的不断发展，关于树莓的研究也日久弥新。本书主要阐述了近年来树莓副产物（幼果、果渣、籽油和叶片）的基础研究进展、提取物的最新应用技术及相关实验方法。本书共分为七章，第一章"树莓的概况"介绍了树莓的生物学特征及产业现状；第二章至第五章分别对树莓幼果、果渣、籽油和叶片中的主要活性成分的研究进展和提取方法进行了阐述；第六章"树莓提取物的应用"重点围绕树莓香皂和树莓面膜制作的技术展开，描绘了树莓除食品产业外的其他应用场景；第七章"树莓研究中常用实验方法"，介绍了树莓副产物活性成分提取、鉴定和活性测定等多种实验方法，为树莓相关基础研究提供支持。

　　树莓副产物中的某些活性成分具有明显的抑菌活性和抗氧化活性，将这些成分开发应用到各种日常食品、用品中，无疑将满足人们的保健养生需求，促进人体健康。因此，及时将已有的树莓副产物研究理论和技术方法整理成书可以推动企业进行树莓产品开发，提升树莓及副产物的深加工技术，带动树莓资源高效利用，促进树莓产业综合发展。

　　本书参阅和借鉴了很多专著、论文、专利和相关资料，同时得到相关院校和同仁的大力支持，特此致谢！感谢在 Jing lab 学习过的硕士生和本科生，他们勤奋努力和我欢笑同行。感谢我的丈夫在我追逐梦想的路上，始终与我相伴。

　　由于时间仓促，加之学科发展迅速，书中定会存在许多不足，敬请专家学者批评指正！

　　本书可作为高等院校生物技术类及相关专业的教材，也可作为有关企业技术人员的参考用书和职业技能鉴定的培训教材。

杨　静

2019.3

目 录

1 树莓的概况

1.1 树莓的生物学特性及其栽培史

1.1.1 树莓的分类

树莓（raspberry）又名马林果、覆盆子、复盆子、悬钩子、托盘等，属于蔷薇科（Rosaceae）悬钩子属（*Rubus* L.）植物，为多年生小灌木。据《中国植物志》系统分类，悬钩子属共有 194 个种，分 8 个组，即木莓组、空心莓组、单性莓组、常绿莓组、悬钩子组、刺毛莓组、矮生莓组、匍匐莓组，前 5 组为灌木或半灌木，后 3 组为草本。其中可作为树莓类果树选育的优良野生种质约有 35 个种和 4 个变种。

树莓是重要的经济型小浆果，因此果树学和园艺学上又将可选育的树莓，根据果实成熟时是否与花托分离，简单分为空心莓组和实心莓组。

1. 空心莓组

果实成熟时，花托与果实分离，采下的果实空心。通常所说的树莓多指空心莓组类群。如：红树莓（*Rubus idaeus* L.）、复盆子（*Rubus parvifolius* L.）、掌叶复盆子（*Rubus chingii* Hu）、黑树莓（*Rubus occidentalis* L.、*Rubus coreanus* L.）、黄树莓（*Rubus xanthocarpum* Bureace et Franch）、黄果悬钩子（*Rubus lutescens* Franch）等。

以此为基础，可根据颜色再分为：

1）红树莓（red raspberry）

红树莓是目前世界上品种资源最丰富，栽培面积最大、抗性最强的悬钩子属类群，最高可耐受我国东北和新疆地区-20 ~ -40 ℃低温，按照其结果习性分为夏果型和秋果型两类。在疏松通气、保水保肥的土壤中和良好的栽培管理条件下，根系繁殖力可保持 10 年或更长。

夏果型红树莓，又称单季树莓。初生茎当年营养生长（当年生枝条），越冬后，次年初夏在头年生枝上抽发结果枝，开花结果。特点是果实大产量高，但在冬季寒冷、干旱地区必须埋土防寒，以防植株抽条。

秋果型红树莓，又称为双季树莓或连续结果型树莓。当年生枝条在夏末开花，初秋结果，结果枝越冬后，次年初夏在其老枝的下部又抽发结果枝结第二次果，一年可收获两次。冬季或早春如果将老枝茎从地面剪除，来年的秋果产量会更高，因为植株可贮存更多的营养物质，还可免除冬季埋土之劳。

2）紫树莓（purple raspberry）

果实为紫红色，是红树莓和黑树莓的杂交种，果实较大。在我国北方冬季寒冷干旱少雪地区种植时，越冬必须埋土防寒，保护枝干，才可保证当年生枝条越冬后第二年结果。最低可忍耐-23 ℃左右低温。

3）黑树莓（black raspberry）

果实黑色或黑紫色、果实小、产量低。由于其花色苷含量高，口味独特，颇受消费者欢迎，售价较高。最低可忍耐-20 ℃左右低温。

4）黄树莓（yellow raspberry）

果色金黄或者呈现琥珀色，几乎不含有花色苷，果实柔软，货架期短，一般不作为主要种植培育种。黄树莓主要有两个来源。① 特有种：黄树莓（*Rubus xanthocarpum* Bureace et Franch）、黄果悬钩子（*Rubus lutescens* Franch）。② 栽培变异种：红树莓和黑树莓的隐性突变体，口感更甜，更柔软。

2. 实心莓组

果实成熟时，花托与果实不分离，采下的果实实心，花托肉质化可食。如黑莓（blackberry），常见的有 *Rubus fructicosus* L.、*Rubus allegheniensis* Porter、*Rubus ulmifolius* Schott 等，我国没有特有种，均属引种。黑莓又可根据植株挺立程度分为直立型、半直立型和匍匐型；也可以根据茎秆有刺无刺，分为有刺黑莓和无刺黑莓两大类。其特点是果实较大、产量高，花色苷含量普遍高于红树莓，与黑树莓接近，耐湿热，但不耐寒。黑莓仅可耐-17 ℃低温。

1.1.2 树莓的形态特征及生物学特性

树莓是落叶小灌木，具有两年生茎和多年生根，茎分为直立型、匍匐型和攀缘型，被刺或无刺，茎在第一年进行营养生长，第二年开始开花结果，两年生茎在结果后死亡。叶片扁平，复叶，单数羽状三出或者五出，基部圆形或心形，顶端渐尖，叶柄 7～8 cm。花为两性花，属完全花，颜色多为白色；果实是聚合小浆果，含有大量的种子，形状多样，成熟时可分为红色、黄色、黑色和紫色；树莓的生物学特性因其品种不同而存在差异，如：单果重*可在 2.5～10 g 波动。值得一提的是树莓的根状茎发达，适应性强，扦插成活率高，是灌木类树种水土保持作用最好的树种之一。其主根深达 1～2 m 以上，侧根发达，能快速覆盖地表，防止水土流失，具有很好的水土保持作用和生态效益。

树莓染色体基数 $X=7$，均属于"1A"或"2A"型，大多数种为二倍体，少数是三倍体和四倍体，也有六倍体和八倍体的报道。对我国树莓染色体核型分析表明，不仅种间核型存在差异，而且同一种内也存在多样性，同一种内不仅具有二倍体、三倍体

---

* 本书的"果重""体重"等均指质量，后同。

和四倍体类型，而且核型的其余指标上也存在差异。另外，有学者用 17 个随机引物对我国悬钩子属的 5 个种 15 个植株个体进行了 RAPD 分析，多态位点达 187 个。在美国的无性种质资源库（National Clonal Germplasm Repository）中，已保存的 387 个树莓种的染色体倍性变异为二倍体至十二倍体；在保存的树莓和黑莓种群的 100 多个栽培品种中，除了二倍体至十四倍体和十八倍体染色体倍性变异外，个别栽培品种还出现非整倍体。有研究发现黑莓的染色体上有树莓的易位染色体片段，国外还有学者采用生化标记（等位酶）和 RAPD、SSR、ISSR、AFLP 等分子标记对树莓进行遗传多样性分析，这些深入研究为树莓育种奠定了良好的基础。国内外的研究结果表明，我国悬钩子属植物种间和种内在 DNA 分子和细胞学水平皆存在丰富的多样性，但从分析范围和深度看，国内采用细胞学和分子生物学等手段对该属植物的遗传多样性研究相对较少。

1.1.3 树莓的分布和栽培历史

树莓主要分布在北半球温带和寒带，只有少数存在于热带、亚热带和南半球，最适应微酸的肥沃砂壤土。目前，全世界共有超过 40 个国家种植树莓，到 2008 年，已有 4 个国家（塞尔维亚、智利、波兰和俄罗斯）的树莓（含黑莓）种植面积大于 1 万公顷*。美国北部、加拿大以及欧洲的温带地区也广泛种植。

在古代希腊，人们一直从野生种中收集黑莓，历史已长达 2 000 多年。早在公元前 370 年，希腊人就利用黑莓作调味品和药材。在欧洲，黑莓大量用于绿篱，直到 16 世纪才作药用和其他用途。虽然 17 世纪已经对裂叶常绿黑莓进行驯化，但是直到 19 ~ 20 世纪才培育出很多栽培新品种。在北美洲，毁林开荒为当地的黑莓传播和杂交提供了良机。19 世纪末期美国黑莓主要是一些优良商业品种或园艺学家发现的新品种，包括 Lawm。20 世纪至今，美国太平洋沿岸各州和南部中心地区以及北部、东部大部分地区仍是重要的生产区，已培育出多种无刺黑莓品种，虽然这些无刺黑莓抗寒性弱，但是产量显著提高。

我国野生树莓资源丰富，分布广泛，是悬钩子属植物中最重要的创汇类群。我国早在 1 200 年前就已开始利用树莓，如药典中的掌叶覆盆子幼果，在《神农本草经》《本草纲目》和《名医别录》等古书中也都有记载。只是我国在培育优良品种方面进展缓慢，目前栽培售卖的优良品种基本靠引种。我国引种树莓有 80 多年的历史，最早是由俄罗斯侨民从远东沿海地区引入我国黑龙江尚志县石头河子、一面坡一带栽培。我国东部包括环渤海带、东三省和胶东半岛，中部黄河中下游地区，西部的秦岭以北、青海以东、河西走廊、新疆的伊犁河谷、内蒙古河套地区、川北的阿坝、川南的大凉山以及滇东北、滇西北广大地区，都有树莓野生种分布和具备树莓良好生长的自然环境。

红树莓种植的最佳气候条件是夏季较凉爽，冬季寒冷湿润的地区。初夏如果高温干热会抑制植株生长和开花结果，若果实成熟期过热，可能造成果实灼伤、软化，失

---

* 1 公顷（hm²）=10 000 平方米（m²）。

去色泽；在收获季节多雨可造成软果，并由真菌引起腐烂；而干燥寒冷的冬天，可对根部、茎尖和芽造成伤害，这些都是树莓生长的不利因素。

我国树莓发展大致经历了三个阶段。

第一阶段（1905—1985 年），个别地区农户自发种植阶段。代表地区为黑龙江尚志市二道河子乡。品种来源于苏联，主栽品种为欧洲无刺红，最大规模约 3 000 亩[*]。

第二阶段（1985—2002 年），优良品种引进培育和区划实验阶段。这一阶段中国科学院南京植物园、沈阳农业大学园艺学院、吉林农业大学分别从美国、日本、波兰引进一批树莓、黑莓优良品种，在南京、沈阳、长春等地开展小规模试种和育苗实验。2000 年，由我国林业科学研究院主持的"948"引进项目，从美国引进 50 个优良树莓、黑莓品种，陆续在北京、河北、山东、陕西、辽宁、吉林、黑龙江、浙江、湖北、河南、湖南、新疆、安徽、四川等地开展品种区划实验和育种栽培研究。这一阶段，全国试种和扩植规模约达 1 000 公顷，初步形成新品种示范育苗中心（约 3 000 亩）和以南京白马为中心的黑莓区域种植基地（约 1 万亩）。

第三阶段（2003 年至今），树莓区域化、规模化发展初期阶段。这一阶段以中国林业科学研究院、中国科学院南京植物园、沈阳农业大学引进的新品种为基础，形成具有一定规模的种植产业群：以北京为中心的环渤海产业群（包括北京，河北东北部，辽宁阜新、葫芦岛、大连），以沈阳为中心的沈阳树莓产业群（包括东陵、法库、铁岭、本溪），以尚志市为中心的哈尔滨树莓产业群，以南京白马镇为中心的沿江黑莓产业群，以连云港赣榆为中心的沿海黑莓产业群，以及以山东临沂为中心的中部黑莓产业群。除此之外，还有江西（黑莓）、四川阿坝（树莓）、河南郑州（树莓）等地形成千亩以上种植区。目前我国主要的鲜食树莓品种见表 1-1。

表 1-1　目前我国主要的鲜食树莓品种

品种	中文名	品种类型	种名	来源
Tulameen	托拉蜜	夏果型红树莓	*Rubus idaeus* var. *strigosus*	加拿大
Willamette	维拉米	夏果型红树莓	*Rubus idaeus* var. *strigosus*	美国俄勒冈
Heritage	海尔特兹	秋果型红树莓	*Rubus idaeus* var. *strigosus*	美国纽约
Australia Red	澳洲红	夏果型红树莓	*Rubus idaeus* var. *strigosus*	澳大利亚
Reveille	来味里	夏果型红树莓	*Rubus idaeus* var. *strigosus*	美国马里兰
Nova	诺娃	夏果型红树莓	*Rubus idaeus* var. *strigosus*	加拿大
Autumn Bliss	秋来思	秋果型红树莓	*Rubus idaeus* var. *vulgetus*	英国
Fall Gold	金秋	秋果型黄树莓	*Rubus xanthocarpum*	美国纽约
Black Hawk	黑好克	夏果型黑树莓	*Rubus idaeus* var. *strigosus*	美国

[*] 1 亩=666.7 平方米（m^2），后同。

品种	中文名	品种类型	种名	来源
Bristol	黑水晶	夏果型黑树莓	*Rubus idaeus* var. *strigosus*	美国纽约
Royalty	柔伊特	夏果型紫树莓	*Rubus idaeus* var. *strigosus*	美国纽约
Hull	黑赫尔	黑莓	*Rubus fructicosus*	美国伊利诺斯
Kiowa	克优娃	黑莓	*Rubus fructicosus*	美国堪萨斯
Shawnee	萨尼	黑莓	*Rubus fructicosus*	美国阿肯色

1.2 树莓的主要病害及防治技术

造成树莓病害的主要原因是每年生长期雨热同季，发育中的花、果实和茎叶容易感染各种病害。因此为了减少病害的出现，首先，在树莓种植布局期，应选择通风向光、具有一定坡度、土厚水肥的区域；切勿位于盆地、洼地，或者被高大树木、玉米和高粱等植物包围；株距行距应该尽量大，以防止植株旺盛生长时植株密集造成局部区域通风透光不良。其次，成熟果实果皮薄、果香浓郁，含有丰富的营养成分和糖分，一旦破口将成为微生物生长温床，因此成熟果、碎果和烂果都应该及时处理。最后，一旦发现病害，随时修剪消除病枯枝，并妥善无害化处理，杜绝继续传染。病害一般都出现在雨热同季的树莓旺盛生长期（5～10月，特别是7～8月），病害一旦发生将对树莓的产量和品质影响巨大，因此病害防治在农业生产环节非常重要。目前未见树莓专属病害，下文仅列举几种常见病害。

1.2.1 灰霉病

灰霉病的病原菌是灰葡萄孢（*Botrytis cinerea* Pers.），属于半知菌亚门丝孢纲丝孢目淡色孢科葡萄孢属真菌，是蔬菜瓜果的常见病害，也是树莓的主要病害之一，特别是红树莓受害比黑莓更重，主要危害发育中的花和果实。灰霉菌以树莓外渗物作营养，分生孢子很易萌发，通过伤口、自然开口及幼嫩组织侵染寄主。侵染发病后又能产生大量的分生孢子进行多次再侵染。灰霉病的症状为：如遇到雨热同季，多日阴雨，花瓣被一层灰色的细粉尘状物（即分生孢子丛）所覆盖，很快传遍全朵花、花序、花柄，随后变黑枯萎。果实感病后小浆果破裂、流水，变成浆状腐烂，烂果除了少数脱落外，大部分缩成灰褐色僵果，经久不落。其预防和治疗的方法是：① 开花初期可选用万霉敌 50%（可湿性粉剂）、甲基硫菌灵 70%（可湿性粉剂）、施佳乐嘧霉胺 40%（悬浮剂）、多菌灵等，以 1：1 000～1：1 500 倍液喷雾 1～2 次，防治效果好；② 发病期，可选用 1：1 000 倍液喷雾 2～3 次。

1.2.2　茎腐病

茎腐病的病原菌是半知菌亚门腔孢纲球壳孢科球壳孢目明二孢子属真菌（*Diplodina parasitica*），7~8月的多雨高温季节是茎腐病发病盛期。该病是北美树莓栽培区的主要病害。在北京树莓实验园和山西太原中北大学实验地也发现树莓茎腐病，特别是红树莓品种感病较重，但是在山西阳泉地区鲜见。这可能与栽培地种植密度、空气湿度等因素有关。茎腐病的症状为：感染从初生茎的伤口发生，这些伤口包括尚未愈合的剪口、茎之间的擦伤、茎的表皮受棚架铁丝磨伤和虫孔等。最初，可在感染区见到布满细小的黑色病斑，继而在茎的侵入口下方成环状或茎的一侧上下延伸感染，茎的木质部致病后变成水浸状，暗褐色，易纵向破裂，表皮翘起块状剥落，叶片变小枯黄，最后整株枯死。病菌在被感染的枯死枝或残桩、地面残落物上越冬。第二年雨季，在高温高湿条件下，病菌大量地发生，随风、雨水传播到初生茎上，而带伤口的初生茎在次年生长的任何时期都能遭受茎腐病的危害，被感染的病区和范围越扩越大，每年周而复始地循环感染。其预防和防治方法是：修枝取样的剪刀应该消毒处理，防止初生茎受伤。选择晴天、干燥气候修枝剪叶，修剪后一周内无雨，以利伤口愈合，防止茎腐病感染。采果后，要彻底清除结果老茎枝、病枝、病叶等，减少病原菌。花初期喷药，用65%万霉灵、0.3~0.4波美度石硫合剂喷1~2次、50%甲基托布津，或40%乙磷铝、50%福美双等喷雾处理。休眠期喷药，越冬埋土防寒前和春季上架后发芽前各喷波美度石硫合剂1次。

1.2.3　叶斑病

叶斑病泛指能够引起树莓叶片病变的多种病原菌，包括：属子囊菌亚门座囊菌目亚球壳属（*Sphaerulinarubi*）引起的叶斑病，由半知菌亚门丛梗孢目暗梗孢科尾孢霉属真菌蔷薇色尾孢霉（*Cercospora rosicaola* Pass.）引起的灰斑病、由属半知菌亚门腔孢纲球壳孢目球壳孢科科针孢属真菌（*Septoria* sp.）引起的斑枯病（也被称为 *Septoriarubi* 黑莓叶斑病）。叶斑的病症状为：主要导致植株提前落叶，从下部叶片开始发病，叶片全是枯斑，或产生环状斑点，斑点内部组织枯死但不脱落，有红色、棕褐色晕圈或无晕圈，最后整个叶片干枯脱落，严重者整株枯死。其预防和治疗方法是：化学防治以50%多菌灵，或65%代森锌2 000倍液，70%甲基硫菌灵每隔7~10天喷1次药，连喷2~3次效果较好。

果期喷药后两周以内的果实不能再食用，应该及时采收无害化处理。在原产地美国，树莓使用的农药需经农业主管部门审定，不能随意乱用其他农药。我国目前还做不到树莓使用专用农药，但必须考虑使用农药的安全性和选择适宜的施药期，保证树莓果实食用的安全，注意轮换用药，防止耐药性。

1.2.4 其他

根癌病的病原菌是一种革兰氏阴性细菌——根癌土壤杆菌 [*Agrobacterium tumefaciens*（Smith et Townsend）Conn.]，引起树莓根部产生瘤状物，这些瘤状物会与树莓争夺营养，并且有逐年加重的趋势，可视情况适当用药和机械铲除。

树莓果裂病是在生长过程中由于水肥供应不均衡，造成果皮和果肉的不均衡生长，从而产生裂果现象。树莓梢枯病表现为花枝、果枝的末端整体枯萎和坏死，主要是由于花期、果期遇到恶劣的大风和大雨天气，枝条严重扭转产生机械伤害，导致枝条坏死枯萎。此两者均不属于病原菌病害。

在树莓引种试种区域中，除了以上主要病害以外，还有绿盲蝽、金龟子、桑白蚧、果蝇和稻绿蝽等虫害，也非树莓专属，在山西引种区未造成严重后果，此处不一一展开。

1.3 树莓的利用价值

近年来有学者根据果树栽培的历史、种植区域、驯化程度和水果的营养价值和药用价值等因素，将市售的水果大致地划分为三代，属于一种行业分类，不属于植物学或果树分类。具体以梨、桃、葡萄、苹果、柑橘为代表的传统大宗水果为第一代水果，栽培历史一般都在百年以上，约占我国水果种植面积的 80%以上；近一二十年发展最为迅速，规模不断扩大的第二代水果，主要包括猕猴桃、草莓、山楂、冬枣及无花果等，约占我国水果种植面积的 10%左右；第三代水果一般是指除了常规营养物质外，还富含较高的酚酸、黄酮等小分子活性物质，分布于荒野山岭，野生或半野生，兼顾一定的生态价值的水果，例如余甘子、刺梨、沙棘、桑葚、钙果（欧李）、越橘、树莓、香榧、野山葡萄、酸枣、黑莓、野蔷薇等，其中树莓因其富含极高活性成分，成为第三代水果的代表而风靡全球，特别在发达的欧美国家深受欢迎。

1.3.1 树莓果实

成熟的树莓果实色泽鲜艳，香气浓郁，酸甜可口，糖含量低于苹果、梨、柑橘三大水果；氨基酸及铁、锌、磷等含量高于苹果和葡萄；含有丰富的超氧化物歧化酶、维生素 E、鞣花酸、花色苷、树莓酮（覆盆子酮）等对人体有益的活性物质，具有抗癌、抗炎、抗衰和抗氧化等功效，有"生命之果"的美誉。考虑到各类水果的品种、地域养护、提取收集计算测定以及最后的制品（鲜果、果汁、果渣等）差异巨大，我们仅从两份核心资料中分析比较了一代、二代和三代最有代表性的水果的主要活性成分。一份资料是来自美国农业部 2018 年更新的 Release 3.3 版本数据，其中收录了超过

500 种食物的 5 个大类的黄酮数据（花色苷类、黄酮醇类、黄酮类、黄烷酮类和黄烷-3-醇类）。如表 1-2 阴影部分所示，前四种水果的果肉部分不含有花色苷，尽管葡萄的总花色苷与树莓的花色苷含量接近，但是葡萄果肉的花色苷几乎为零。我国本土水果沙棘和山楂未有收录，这说明树莓在研究和食用习惯方面都有较好的国际认可度。据估计，目前全世界食品色素市场贸易额每年有上亿美元，其中天然色素及天然来源色素占有一半以上。随着消费者对纯天然食品的兴趣日益增加，天然色素的市场份额迅速增加。据预测，未来几年天然色素的市场份额每年将以一倍的速度增加。当前，葡萄废渣、高粱壳和黑米中提取的花色苷已经成为食品和化妆品中的重要色素之一。树莓果汁和树莓果渣中也含有大量可提取利用的花色苷，具有很大的开发价值。另外，深入对 Heritage、Kiwigold、Goldie 和 Anne 四种栽种品种的树莓鲜果进行分析发现，树莓黄酮含量均很高，依次为 Heritage（103.4 mg/100 g）、Kiwigold（87.3 mg/100 g）、Goldie（84.2 mg/100 g）、Anne（63.5 mg/100 g）。研究还显示：每 100 g 树莓鲜果中含有总蛋白约 0.81 ~ 1.74 g，总还原糖 4.52 ~ 7.12 g，总酸 1.02 ~ 2.24 g，维生素 C 15.2 ~ 40 mg。

另一份资料为《蔬菜水果的抗氧化活性与总黄酮含量的相关性》（2010），作者用分光光度法测定了 51 种蔬菜和 30 种水果的抗氧化活性、总黄酮含量和维生素 C 含量，我们摘录了其中 7 组数据（表 1-2 非阴影部分），总体来看，二代水果的这三项指标高于一代水果，说明二代水果在次生代谢物特别是黄酮类化合物的含量上确实比一代水果高，遗憾的是三代水果仅测定了山楂，没有树莓、桑葚和沙棘资料，这与第三代水果的野生/半野生性、季节性和区域性等特点有关，这些因素限制了它们在我国的推广和研究，这与国内对三代水果的 2018 年度和近 10 年内相关研究论文篇数较之一代和二代水果研究论文篇数少也是一致的。

不同水果的活性成分和研究论文数比较见表 1-2。

1.3.2 树莓籽

树莓籽约占果实鲜重的 10%，其含油量占干重的 10% ~ 15%，主要成分为亚油酸、亚麻酸和油酸。树莓籽油氧化缓慢，是一种稀有的芳香油，而且其维生素 E 含量高，磷脂含量达 2.7%，具有抗氧化、抗炎、防晒、滋润的功能，可辅助治疗牙龈炎、皮疹、湿疹和其他皮肤病。它还能抵抗 UV-A 和 UV-B 射线对皮肤的伤害，所以树莓籽油在药品和化妆品中有很大的利用价值，与著名的鳄梨油、葡萄籽油和小麦胚芽油比较，优点更多。仅加拿大，每年就可生产 40 吨树莓籽油，售价为 52 美元/升。

表 1-2 不同水果的活性成分和研究论文数比较

分类	水果	编号	总黄酮 (mg/100 g 鲜重)	花色苷 (mg/100 g 鲜重)	水果	抗氧化活性 (mmol/100 g 干重)	总黄酮 (mg/100 g 干重)	V_C (mg/100 g 干重)	CNKI 文献检索篇数 2018 年度	CNKI 文献检索篇数 2009—2017 年度
第一代水果	苹果（果肉）	97068	11.07	0	富士苹果	1.48	16.96	2.31	1 705	17 004
	香蕉（果肉）	09040	6.28	0	香蕉	0.62	3.79	15.00	251	3 422
	梨（果肉）	99029	1.88	0	鸭梨	3.40	23.17	2.09	1 016	11 837
第二代水果	猕猴桃（果肉）	09148	2.09	0	猕猴桃	2.30	20.00	80.12	535	4 236
	草莓（全果）	97007	8.21	2.42	草莓	1.72	13.89	54.27	681	6 810
	葡萄（全果）	97074	1.31	48.04	巨峰葡萄	6.98	13.08	1.09	2 995	29 889
第三代水果	树莓（全果）	09302	6.88	48.63	树莓	—	—	—	128	877
	桑椹（全果）	—	—	—	桑椹	—	—	—	58	904
	沙棘（全果）	—	—	—	沙棘	—	—	—	228	2 428
	山楂（全果）	—	—	—	山楂	10.64	50.00	52.11	404	4 512

注：阴影部分引自美国农业部 USDA 数据库 Release 3.3 版本；非阴影部分引自文献。"—"代表所引资料中没有相关数据。CNKI 文献检索如主题中输入"苹果"等。

1.3.3　树莓叶

早在 500 多年前，人们就认识到树莓叶的提取物有治疗作用。1900 年开始，科学家研究树莓叶的解痉挛作用，其提取物中的药理活性成分证明了此功效。虽然从现代医学的角度看，用树莓茶治疗孕妇恶心呕吐、预防流产、缩短产程、减轻产痛等是否有效还存在争议，但是它作为传统药物已经使用多年。我们对澳洲红两个结果季末叶片部分成分的定量测定发现，5 种被检测多酚的含量都发生了极显著变化（表 1-3），总酚含量减少了 63.8%，表儿茶素和积雪草酸大幅度增加，绿原酸、EA 和 Q3G 都有不同程度减少，这说明叶片的采收季节与叶片的活性成分含量有关，但是 Q3G 占主要活性物质含量始终保持 50% 左右，可以作为树莓叶片的标志物。

表 1-3　澳洲红叶片部分活性物质的定量结果

化合物（$\mu g/g$ 干重）	7 月	10 月	比值（%）
绿原酸	203.9±1.3	128.9±2.8**	（36.8）
（−）表儿茶素	38.9±0.6	706.2±6.0**	1 715.1
鞣花酸（EA）	4 060.6±59.9	57.7±4.8**	（98.6）
槲皮素-3-O-葡萄糖醛酸苷（Q3G）	4 731.4±52.7	2 365.1±105.4**	（50.0）
积雪草酸（AA）	393.1±6.7	1 518.6±7.6**	286.4
总和	9 427.9	4 776.5	（63.8）
EA%	43.1	1.2	
Q3G%	50.2	49.5	
AA%	4.2	31.8	

注：比值=（10 月−7 月）/7 月×100%；表格中"（ ）"中数值表示物质的减少率；"*"表示差异性显著 $P < 0.05$，"**"表示差异性极显著 $P < 0.01$。

1.4　我国树莓产业的发展概况

树莓果实营养丰富，酸甜可口，但是易腐难存，果实常温下几个小时就会失去商品价值，是最不耐保存的水果之一。即使在 -18 ℃ 条件下，随着贮藏时间延长，也会出现汁液流失率升高，硬度下降，花色苷、总酚含量也逐渐下降。国际市场上只有 5% 能进入鲜食市场，剩下的则进入深加工领域。德国和美国是世界树莓加工的两大中心。德国是西欧最大的树莓原料生产国和加工消费中心，年加工量和消费量均占欧洲市场的 50% 左右，以德国为中心，控制着 90% 以上的欧洲市场。美国是南北美洲的树莓加工和销售中心，美国和加拿大两国占据美洲市场的 90% 以上。总之，以北美和西欧为中心，占据着世界树莓零售市场的 80% 以上。全球树莓深加工产品已达 100 多类数千品种，形成遍及全球的产品供应链。树莓不仅可直接用于各类食品加工业，如果汁、果酱、果酒、果粉等，而且树莓的各类提取物也被广泛地应用于食品、药品和化妆品中。

我国树莓加工业一直发展比较缓慢，国内对树莓果的利用主要是速冻果出口和鲜果出售，市场上销售的树莓加工产品很少。近几年，我国黑龙江、辽宁、广东等地，先后进行了树莓果酒、饮料、浓缩汁、果酱、罐头及速冻食品的研究与开发。2002—2004 年，美国、德国、韩国一些企业率先投资，在北京、沈阳和青岛等地建厂，收购树莓进行深加工。

受国外产品及市场的启发，目前国内多家企业正在开发与树莓有关的系列产品，如蒙牛、伊利已推出树莓酸奶，好丽友推出了树莓派，乐天推出树莓口香糖等。汇源食品饮料集团公司每年都参加国际食品展览，推出一些自己的树莓加工产品。随着树莓种植规模的不断扩大，一批具有冷储运、加工、出口功能的树莓龙头加工企业应运而生。据 2008 年统计，全国总计有 48 家树莓生产企业。国产深加工产品也开始小批量进入国内外市场，但尚处于市场开发初期阶段，还不具备与国际同行竞争的实力。

由于树莓产品的耐贮性差，大规模生产需要完善的保鲜和加工体系。现在，国际市场上对树莓深加工制品需求量极大，而我国加工能力较低，不能满足树莓生产发展和国内外市场的需要。因此，进行树莓的深加工无疑具有重大意义。另外，利用树莓叶、树莓籽、树莓碎果、幼果、果渣等树莓果实生产过程中的副产物，将其中的活性成分进行提取、纯化、干燥，具有耐保存、易运输、易与其他产品配合使用等特点，也是树莓综合发展的一个有利补充。

1.4.1 产业发展的优势

1. 气候条件优势

我国适宜种植树莓的地域广阔，可根据不同气候区的不同生态条件，选择适宜当地栽培的最佳品种。而且树莓对土壤条件要求不严，栽培管理技术便于掌握，容易达到高产、稳产。目前主要的产区有：东北、云南、浙江等地，另外山东、河南、河北和山西等中部地区也开始推广种植。值得一提的是，辽宁省法库县自 1990 年开始引种试种红树莓以来，经过 20 多年的发展，种植规模及产量不断扩大，2012 年该县被果品流通协会评为"中国树莓之乡"。该县已经成立了 16 家树莓专业合作社，1 家树莓科普工作总站，40 家服务站，引进了树莓深加工企业 8 家，其中一家获得了自营出口权。

2. 劳动力成本优势

虽然随着综合国力的增强，我国的劳动力成本逐年增加，但是与欧美传统产区相比，生产成本仍然相对较低。欧美等发达国家近 10 年来，树莓栽培面积呈逐渐下降趋势，而发展中国家如智利、波兰等树莓栽培面积迅速上升，产品主要用于出口。欧美地区的突出问题是采收果实的劳动力成本过高，美国和欧洲国家为降低生产成本，一般采用机械采收。我国树莓的原料成本为东欧和南美的 40%、北美的 20%、韩国的 15%、日本的 5%，而且主流消费区（北美洲、欧洲、大洋洲、亚洲各大都市）都不是生产大国或地区，农业人口少，进口依赖度高达 70%～100%。因此我国小浆果产业与国际资本、技术、市场资源结合，将会迅速蓬勃发展。

3. 树莓的收益高

欧美发达国家对冷鲜果需求量巨大，目前，美国零售柜树莓冷冻果的售价为 8～12 美元/公斤*，鲜果价格为 7～8 美元/公斤，与浓缩汁 7～8 美元/公斤接近。2018—2019 年度我国国内树莓当季鲜果超市售价一般在 100～200 元/公斤，非当季冷冻果销售价格则高达 400～2 000 元/公斤。

树莓栽培当年即可挂果，3～4 年进入盛果期，经济寿命可达 10～20 年。与葡萄相比，树莓栽培较为粗放，省工节水，抗病虫性强，生产管理成本低。

根据山西阳泉种植园数据分析，目前树莓大田种植的建园费，平均每亩投入约为 2 000 元（栽植 333 株/亩），其中种苗投入约 1 200 元，肥料、机耕、初栽费用约 400 元，架杆费约 400 元。每年生产资料费用约 400 元（肥料和农药约 350 元、水电约 50 元）；每年每亩田间管理需投 15 个劳动日，折合约 1 200 元；生产资料费用年投入成本合计每亩约 1 600 元。以每亩平均产果 800～1 000 斤*计算，加工企业在当地按 4 元/斤的保护价收购，农户至少可直接获利约 3 200 元/亩，纯收入约 1 600 元/亩。在云贵川地区，每亩地纯收入是当地烟草种植纯收入的 3～4 倍，是大田种植收入的 10 倍；在东三省，纯收入是当地大宗粮食玉米、大豆种植纯收入的 5 倍以上；在西北地区，纯收入是旱粮种植纯收入的 20 倍。

黑莓适合在我国黄河以南至长江全流域及西南地区的丘陵、坡地种植。其建园投入、生产管理支出和树莓大体相当，但用工成本约少 20%。在黄河以南黑莓平均亩产可达 800～1 000 公斤，以当地收购价每公斤 3 元计，每亩收益 2 400～3 000 元；黑莓的养护成本略低于树莓，因此，利润约 2 000 元/亩，约是当地旱粮（大豆、玉米、甘薯）种植纯收入的 5～10 倍以上。如果计算种苗销售收入、间套作物、副产物开发、种植园采摘和旅游收入，效益更为可观。

以辽宁法库县 2008 年树莓种植收益为例：全县树莓面积达 10 万亩左右，其中千亩以上栽植大户有 20 余户，百亩以上大户近百户。2008 年全县共产树莓果 8 万吨*，销售价平均每斤 5 元左右，最高价格 7.2 元/斤，最低价格 3.5 元/斤，亩收入最高达到了 1 万元左右，仅登仕堡子镇全镇树莓总收入就达到了 1 亿元以上，登仕堡子镇仅树莓一项，人均收入 3 000 元左右，家庭收入 5 万元以上的农户达到 200 户左右，收入 10 万元以上的农户达到 50 户左右，许多农户因为栽植树莓走上了富裕之路。法库县树莓企业总体销售情况良好，其市场主要集中于国际市场，国际市场的需求逐年增加，年出口量可达 10 万余吨，总产值 5 亿元人民币左右，利润 3 亿元人民币左右，项目区乡镇农民每年人均增收 3 000 元人民币，这对于县域经济的发展来说贡献非常大。

---

* 1 公斤=1 kg，1 斤=500 g，1 吨=1 000 kg，后同。

但是，各产地的果品质量、采后处理能力和当地加工企业的市场能力、技术水平的差异，也将直接影响果品的价格和收购量，甚至可能出现由于滞销而导致农、企两败俱伤的严重后果。2007—2008年，我国江苏、山东的黑莓出口严重受挫，大量产品滞销压库，给农民和企业带来逾亿元的重大损失。由于2008年金融危机影响，2009—2010年法库县树莓收购价持续走低，"美22号"树莓品种鲜果价格甚至降到1元/斤及以下；同时由于2010年的涝害，法库县树莓种植面积锐减，树莓产业发展遭受到了重创。

4. 树莓国际认可度高

我国是世界水果生产大国，总种植面积和多种水果的产量均居世界首位。但是我国并非水果贸易强国，其原因一是种植结构单一，造成水果成熟期过于集中、产量过剩，导致市场销售压力大；二是加工能力滞后，欧洲各国果品采收后商品化处理率达90%以上，而我国却不足40%，果汁饮料严重依赖进口浓缩果汁。

与树莓齐名的我国本土小浆果桑葚、枸杞、沙棘的人工种植规模都超过百万亩，加工产品也很多，但多年来一直未能走出国门，主要原因在于欧美主流市场不认同，市场狭小，难以成为世界性消费产品。近20年来，我国饮料市场已经不再是传统白酒、茶饮、豆汁的一统天下，市场份额中大大加入了充满西方元素的啤酒、葡萄酒、饮料、牛奶、可乐、果汁、咖啡和矿泉水。从我国消费引导趋势看，我国以中、青年为主流消费者，关心和热爱新型饮料。未来10年以树莓饮料为主的亚洲树莓消费市场必将成为继欧洲、北美之后的新市场。我国推广种植树莓不仅能对世界树莓消费市场产生巨大影响，还能发展特色小浆果的国内市场，丰富水果品种。

根据2014年联合国粮农组织对24个树莓主要种植国家的最新调查统计，全球树莓种植面积为75 690公顷，全球总产量为每年40万吨左右；南美国家树莓出口量增长较快，为7~8万吨，智利成功利用其在南半球的气候优势大力发展树莓种植业，成为全球树莓主要出口国；俄罗斯也是树莓出口的大国，总产量大约为1万吨；而树莓进口的国家主要以发达国家为主，法国、德国、美国、荷兰、奥地利进口量都在1千吨以上，美国既是树莓生产大国，又是树莓进口大国。放眼全球市场，树莓及其制品在国际市场上是供不应求，树莓供应量仍存在比较大的缺口，其市场前景极大，据权威机构分析，树莓国际市场的总需求量为每年200万吨左右，但是目前树莓产量远远低于需求量，只有40万吨左右。

1.4.2　产业发展的困境

1. 政策支持不够

在智利，树莓产业作为高山区农民脱贫致富和国家出口创汇新经济增长点的国家级项目，协调集约国内外资金、技术，快速建立起较完整的产业化支撑体系，经过多年的发展，已成为世界最大的树莓生产、出口国，占据北美洲、大洋洲进口市场的80%，世界出口市场40%的份额。在韩国，树莓加工企业都得到了政府部门资助和信贷资金支持，如全罗北道一家树莓加工厂一次就得到州政府折合人民币 1 000 万元的资助。2006 年韩国国会通过特别法案，对树莓酒的税收由 30%降为 5%，促进了韩国树莓酿酒工业的崛起，树莓酒成为酒类产品出口的当家产品。智利、韩国树莓果品及加工企业出国参展的费用都可由国家补贴。在小浆果产业竞争中，小国能做成大事，关键是政府高度重视。政府应引导农民加强应对市场经济变化的能力。

在我国，以北京和沈阳为例，由于地方政府政策导向不同（北京限种、沈阳扶种），导致两地树莓产业发展的同期性不平衡。2006 年到 2008 年树莓项目得到了沈阳市相关部门和领导的重视，并在 2006 年制定了扶持法库县树莓产业发展的优惠政策，即：百亩以上连片新栽树莓，每亩给予 500 元苗木补助。此政策出台后掀起了树莓产业发展的高潮阶段，树莓种植面积从 2004 年的 3 000 亩，跃升至 2008 年的 10 万亩。而 2008 年，北京在具有技术、加工、市场、资金一切优势条件的情况下，树莓加工企业对外地原料的依存度已上升至 80%，其树莓的产业发展远落后于沈阳，沈阳则一跃成为全国新兴的树莓主产区。

2. 资金投入不足

与其他产业相比，农业种植投资周期长，特别是树莓生产链条长，生产社会组织程度低。公司+农户模式的不利条件在于：市场价高于保护价时，农民拒交；市场价低于保护价时，企业倒赔也要收。在资源培育已初见规模的地区，冷储、加工、收购资金投入不足，资金就成为主要制约因素；同时由于缺乏消费传统和对树莓产业发展前景的认识不足，也导致资本投入量小，配套设施滞后，资源利用率低。我国的优势远远没有在世界市场上体现，我国的树莓生产企业还处在国际市场的边缘。

3. 产学研结合不足

一方面，我国树莓产业几乎与智利同期起步，但是树莓产业基本以民营企业单兵突击，出口产品处于初级原料阶段，迄今没有重大突破，树莓深加工产品系列的科技和市场开发环节极为薄弱，树莓深加工产品系列研究的机构和科技人员严重不足。与全球已进入市场的数百种产品系列相比，我国树莓深加工产品的研发水平尚处于末流，我国深加工产品种类包括果汁、果酒、酸奶、冰激凌、糖果、果酱、浓汁（浆）、冻干果、粉等，但尚处于市场开发初期阶段，无论是技术、包装水平、产品质量都还在品牌建设阶段，还不具备与智利、澳大利亚、西班牙、韩国等国家竞争的实力和条件。

另一方面，学术界的研究经费主要依赖于国家基金和地方基金，研究内容主要集中在种质资源收集整理、果实保鲜、营养成分和活性成分分析鉴定、树莓提取物纯化加工等几个领域，研究成果多数是发表研究论文和专利。而树莓企业由于资金短缺，很少有自己的研发团队和实验室，也鲜与高校和科研院所建立委托科研，因此，学术界的研究内容和研究成果常常未与上游的树莓农业种植业和下游的树莓加工业对接，难以指导行业发展，也不能反哺科研，不能形成合力共同推动树莓产业的发展。

总之，与其他产业相比，树莓产业的发展以企业投资带动农民参与种植为主的经营模式必须要在政策利好和倾斜下抚育扶持才能发展壮大，否则我国树莓产业崛起的宏大目标就不可能实现。在河南新乡市和河北邢台市的"十三五"年度规划纲要中均列出了以树莓为中心的大健康产业的系统发展规划，归纳起来有：政府牵头—科研服务—公司经营—合作社示范—农户和基地生产的产业链；公司经营中还包括树莓种植、树莓深加工、树莓休闲观光、树莓冷链物流、树莓相关产品营销等内容。以此方能走可持续发展的科学路子，才能实现树莓产业的健康蓬勃发展。

2 树莓幼果主要活性成分的提取、纯化和活性研究

2.1 树莓主要活性成分的研究概况

糖类、脂肪、核酸、蛋白是植物的基础代谢产物，也被称为初级代谢物，而诸如酚类、生物碱和萜类则由糖类等有机物进一步代谢衍生出来，称为次生代谢产物。其中酚类是芳香环上的氢原子被羟基或功能衍生物取代后生成的化合物，种类繁多，特点各异，多具有很高的抗炎、抗癌和抗氧化等活性，备受关注。酚类化合物多数为大极性分子，一般具有水溶性和醇溶性，根据芳香环上带的碳原子数不同分为简单苯丙酸、苯丙酸内酯、苯甲酸衍生物、木质素、类黄酮和鞣质几大类。也可根据酚羟基的个数和母环结构不同将这些酚类化合物分为简单酚、非黄酮类多酚、黄酮类化合物三类。

2.1.1 简单酚

简单酚主要是指以简单芳香环上接单个酚羟基的天然化合物，典型结构为水杨酸（邻羟基苯甲酸），结构式如下。水杨酸最初来源于植物柳树皮的提取物，是一种天然的消炎药。常用的感冒药阿司匹林就是水杨酸的衍生物乙酰水杨酸钠，而对氨基水杨酸钠则是一种常用的抗结核药物。水杨酸可以祛角质、杀菌、消炎，在国际主流祛痘化妆品和皮肤科药剂中都含有水杨酸，浓度通常是 0.5% ~ 2.0%。

2.1.2 非黄酮类多酚

多酚类化合物是酚类化合物的分子中具有多个羟基，重要特征是可通过疏水键和多点氢键与蛋白发生结合反应。

1. 鞣花酸（Ellagic acid，EA）

鞣花酸是黑莓、树莓、草莓、石榴等植物最重要的天然酚类化合物，是没食子酸

的二聚衍生物，是一种多酚二内酯，结构式如下。一般以游离形式或缩合形式（如鞣花单宁、苷）广泛存在于各种植物组织中。高纯度的鞣花酸是黄色针状晶体，微溶于水、醇，溶于碱、吡啶，不溶于醚。遇三氯化铁变成蓝色，与硫酸反应呈黄色。

鞣花酸具超强抗氧化能力，可以清除体内致癌毒素，提高免疫力，能抑制络氨酸酶的活性，减少黑色素生成，具有美白作用。树莓全株含有鞣花酸，果实中的鞣花酸的含量要高于矢车菊素、表儿茶素、原花色苷、原儿茶酸、树莓酮等物质。研究发现红树莓果实中鞣花酸含量为 230 mg/kg（鲜重），高于其他水果。树莓叶片中的鞣花酸含量更高，基本达到 1 ~ 5 mg/g（干重）水平。红树莓籽中的鞣花酸也在 0.5 ~ 1.0 mg/g（干重）水平。鞣花酸具有一定的抗氧化活性，能有效降低细胞损伤，可以抗人膀胱癌细胞的增殖，增强丝裂霉素 C（抗肿瘤抗生素）的抗肿瘤活性。鞣花酸经生物肠道内微生物代谢成尿石素 A，也可以有效抑制血红素过氧化物酶对细胞带来的损伤。研究还发现鞣花酸不仅可以作为单一药剂发挥作用，还可以与抗生素等药物协同作用，增强药物的药效。鞣花酸能够提高抗炎药物卡马西平（carbamazepine，CBZ）的镇痛和抗炎等功效。

2. 绿原酸（Chlorogenic acid，CA）

绿原酸是由咖啡酸与奎尼酸缩合而成，又称咖啡鞣酸，结构式如下。绿原酸为淡黄色固体，易溶于乙醇，难溶于氯仿、笨、乙醚等亲脂性溶剂。

有研究发现绿原酸对肝肿瘤细胞 AH 109A 的入侵和增生有较强的抑制性，浓度为 10^{-6} mol/L 时抑制率为 68%。在对抗逆转录病毒剂进行研究时发现绿原酸可能成为先导物引导药物对抗艾滋病病毒（HIV）。对蔷薇科几种果实类药材的有机酸进行分析发现，覆盆子中含有绿原酸。

3. 短叶苏木酚酸（Brevifolin carboxylic acid，BCA）

短叶苏木酚酸在发酵的草莓果汁和石榴皮中都有报道，树莓幼果和叶片中也有检测到，含量和绿原酸相当，是鞣花酸的 1/5。其结构式类似鞣花酸如下，生物学活性还鲜有报道。

2.1.3 黄酮类化合物

黄酮类化合物（flavonoids）主要是由两个芳香环（A 环和 B 环）通过中央三碳原子相互连接而形成，结构式如下，目前统计的已经有 4 000 种以上。根据不饱和程度、三碳部分的氧化程度和是否开环，黄酮类化合物大致分为：黄酮类、黄酮醇类、黄烷酮类/二氢黄酮醇、黄烷醇类、异黄酮类、类黄酮类（黄烷-3-醇、花色素类和查尔酮类），见表 2-1。

黄酮类化合物既可以作为游离苷元存在，也可以与糖结合形成糖苷共轭物。多数为结晶性固体，少数苷类为不规则粉末。黄酮类化合物因其分子中是否存在交叉共轭体系以及对其颜色有影响的官能团（如酚羟基、甲基等）的类型、数目和取代位置不同呈现出不同的颜色。一般情况下，黄酮类和黄酮醇类大多呈灰色或黄色，二氢黄酮和二氢黄酮醇因不具有交叉共轭体系故不显色，查尔酮类为黄色或橙色，花色素及其苷元的颜色随 pH 的不同而变化，一般为红色（pH< 7）、紫色（pH=8.5）和蓝色（pH > 8.5）。区分黄酮类化合物除了物理性状，还可以通过它们的紫外可见光吸收光谱。黄酮类、黄酮醇类等多数黄酮类化合物，因分子中存在桂皮酰基（cinnamoly）和苯甲酰基（benzoly）组成的交叉共轭体系，故其在紫外-可见光 200 ~ 400 nm 的区域内存在两个主要的紫外吸收带，称为峰带Ⅰ（300 ~ 400 nm）和峰带Ⅱ（220 ~ 280 nm），A 环上的生色团苯甲酰基导致峰带Ⅱ的生成，B 环上的生色团肉桂酰基导致峰带Ⅰ的生成；异黄酮类、二氢黄酮和二氢黄酮醇，这三种黄酮类化合物由 A 环苯甲酰基系统引起的吸收峰带Ⅱ为主峰，前者在 245～270 nm，后两者在 270～295 nm，这个可以用来作为区别它们的依据。查尔酮类峰带Ⅰ（340～390 nm）为主峰，而峰带Ⅱ（220～270 nm）较弱；花色苷分别在 265～275 nm 和 465～560 nm 区域显示出最大吸收峰带Ⅱ和峰带Ⅰ，但吸收波长也会随着取代基不同而有变化。

表 2-1　黄酮类化合物

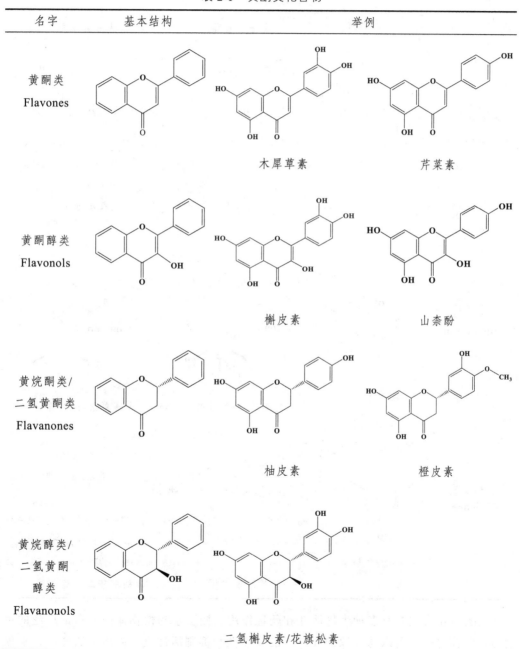

名字	基本结构	举例
黄酮类 Flavones		木犀草素　　　芹菜素
黄酮醇类 Flavonols		槲皮素　　　山奈酚
黄烷酮类/ 二氢黄酮类 Flavanones		柚皮素　　　橙皮素
黄烷醇类/ 二氢黄酮 醇类 Flavanonols		二氢槲皮素/花旗松素

名字	基本结构	举例	
异黄酮类 Isoflavones		 金雀异黄酮	 大豆异黄酮
黄烷-3-醇 Flavan-3-ols		 儿茶素	 表儿茶素
花色苷类 Anthocyanin		 矢车菊-半乳糖苷	 飞燕草素-葡萄糖苷
查尔酮类 Chalcone		 甘草查尔酮	 柚皮苷二氢查尔酮

　　黄酮类化合物具有多种生物活性和药理作用。槲皮素为植物体内分布最广泛的黄酮类化合物之一，可以通过保护线粒体的完整性和抑制活性氧（ROS）的释放，来预

防氧化应激和细胞自噬激活，从而抑制炎症反应的发生。树莓果实和叶片中含有多种黄酮类化合物，总含量的变化趋势为：叶中含量高于果实，幼果高于鲜果。采用响应面分析优化有机溶剂提取紫树莓叶总黄酮，提取率高达 12.56%，槲皮素-3-O-葡萄糖醛酸苷（Q3G）和槲皮素-3-O-β-葡萄糖醛酸苷是树莓叶中主要的黄酮醇类化合物。将黑树莓中的 Q3G 用于小鼠体内的氧化应激实验，发现其可以降压，减少肝损伤。除此之外 Q3G 还具有抵御癌症、保护神经系统、抑制高血脂及预防心血管疾病等功效。因此树莓中的黄酮类化合物在食品、医药以及日化等领域都具有广阔的开发和利用前景。

2.1.4 其他化合物

1. 树莓酮（Raspberry Ketones）

树莓酮是莓类果实中特有的芳香物质，它的分子结构与具有减肥和改变脂质代谢功能的辣椒素（Capsaicin）极为相似，效果却是辣椒素的 3 倍。研究发现，树莓酮能直接作用于脂肪细胞，刺激人体脂联素（诱导脂肪细胞分解的激素）的分泌，加快脂肪的分解燃烧并产生能量，同时抑制肠道对脂类的吸收，从而有效控制体重、防止肥胖。

2. 五环三萜

萜类化合物（terpenoids）是三大次生代谢物之一，由于其骨架多样、结构千变万化，所以成为植物次生代谢物中最丰富的化合物之一，体现了植物次生代谢物的多样性。迄今为止，鉴定出的萜类化合物分子的骨架已经超过 200 多种，正是这种分子骨架的多样性使得萜类化合物表现出不同的化学性质以及生物活性。

从化学结构看，萜类化合物是由异戊二烯（isoprene，结构式如下）聚合而成，基本单位一般包含 5 个碳。依据异戊二烯单位的数目差异，萜类化合物可以被分为半萜(C_5)、单萜（C_{10}）、倍半萜（C_{15}）、二萜（C_{20}）、二倍半萜（C_{25}）、三萜（C_{30}）、四萜（C_{40}）和多萜（$C_{>40}$）。同时再根据各种萜类化合物的分子结构中碳环的有无和数目的多少，萜类化合物还可以进一步被分为无环萜、单环萜、双环萜、三环萜、四环萜、五环萜等。

萜类化合物极性弱，具有较强的亲脂性，易溶于醇及脂溶性有机溶剂，难溶于水。低分子量的单萜和倍半萜多具有挥发性，而高分子量的二萜及以上的化合物一般不具有挥发性。其水溶性会因其含氧官能团或连接糖苷数量的增加而增加。萜类化合物具有高温、光和酸碱敏感性，容易发生氧化、重排等结构的改变。

五环三萜（triterpenoids）是萜类化合物的一个重要分支，主要包括游离和苷类两种形式存在于自然界，具有广泛的药理作用和重要的生物活性，尤其在抗炎、护肝和抗肿瘤方面。其苷类水溶液似肥皂水溶液振摇后产生泡沫，因此被称为三萜皂苷（triterpenoid saponins），具有表面活性剂类功能。依据苷元的不同，五环三萜可主要分为齐墩果烷型（Oleanane）、乌苏烷型（Ursane）、羽扇豆烷型（Upane）和木栓烷型（Friedelane）四类，其结构见下图。所连接糖苷则包括葡萄糖（glucose, glu）、阿拉伯糖（arabinose, ara）、鼠李糖（rhamnose, rha）和木糖（xylose, xyl）等。这些糖大多形成低聚糖后与苷元形成三萜皂苷，有些苷元和糖苷上连有酰基。苷元骨架以及糖的多样性和它们之间连接位置的多变性决定了三萜皂苷的丰富性。三萜皂苷苷元成苷的位置大多是 3 位或与 28 位羧基成酯皂苷，也可以与 16、21、23、29 位等羟基戊糖链皂苷，例如远志皂苷水解形成远志酸、远志皂苷元、羟基远志皂苷元等次生皂苷元，其结构见次页图。

目前人们已经从悬钩子属植物叶片中分离出 9 个齐墩果烷型和 26 个乌苏烷型共 35 个三萜类化合物。我们在树莓叶片中鉴定出的积雪草酸有明显的季节性变化，变化量可从 7 月的 393.1 μg/g 增加到 1518.6 μg/g（见表 1-3）。研究发现覆盆子中的三萜类化合物能够保护细胞免受 H_2O_2 诱导的 DNA 损伤，改变细胞保护基因的表达，与抗癌具有一定的生理相关性。远志中远志皂苷的研究发现其可以抗焦虑，在 0.025 g/kg ~ 2.6 g/kg 剂量内具有镇静催眠的作用。

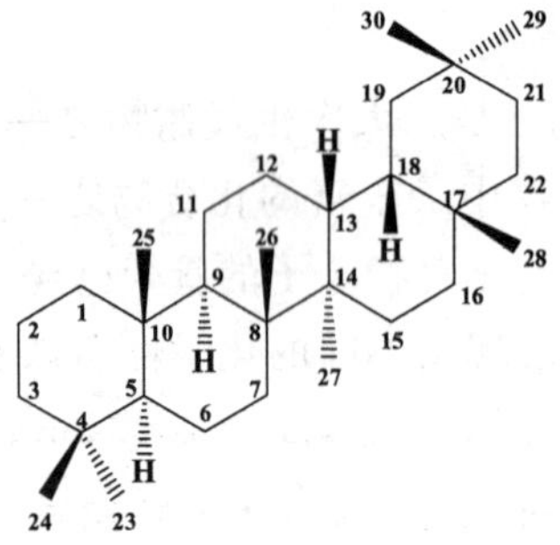

齐墩果烷型 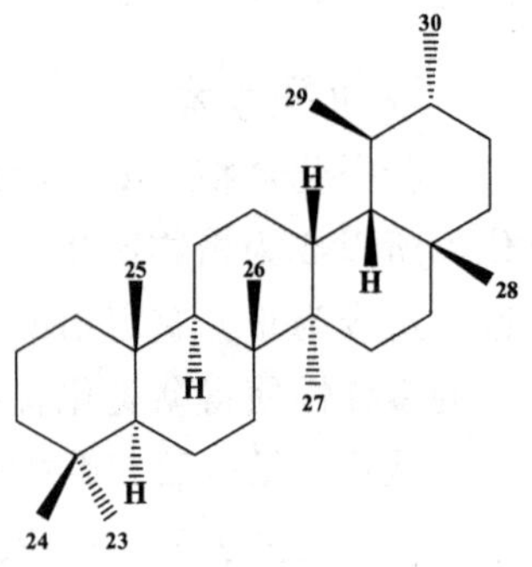   乌苏烷型

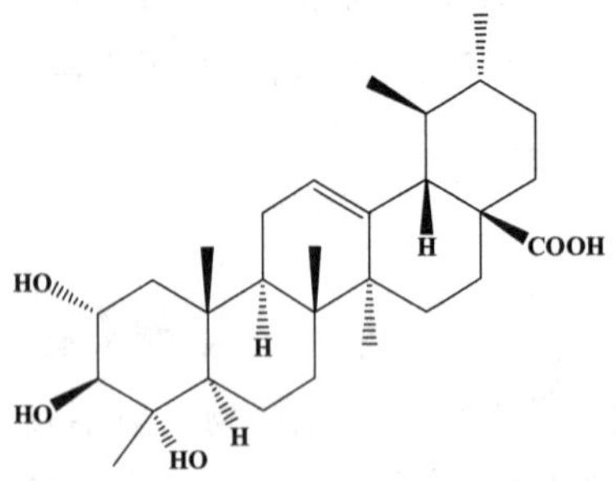

基本结构 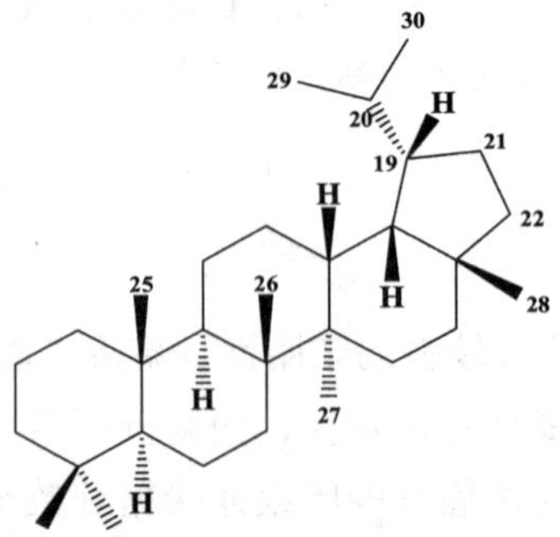   羽扇豆烷型 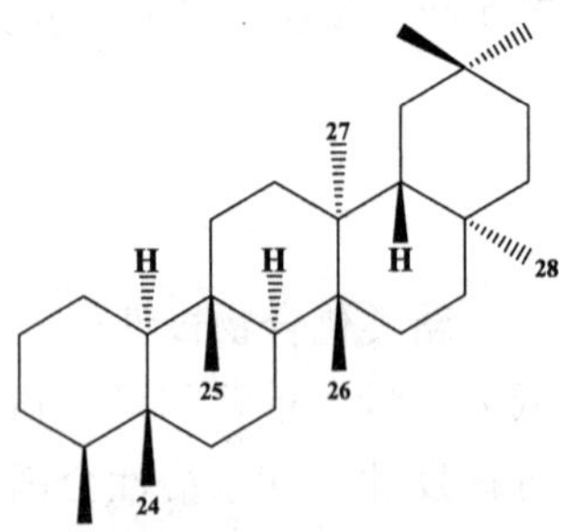   木栓烷型

远志皂苷

远志酸   羟基远志皂苷元   远志皂苷元

2.2 树莓幼果总黄酮提取工艺

树莓鲜果采收期集中，果实易腐易衰，必须及时冷冻储藏，而树莓幼果、干果、果粉和其中有效成分的研究开发将减少对冷库和快速消费市场的依赖，有利于开拓树莓的应用前景。树莓幼果可药食两用，其中的黄酮含量较高，有很好的抗氧化活性和抑菌活性，具有很高的研究价值。特别是掌叶覆盆子（*R. chingii*）的幼果，因其显著的药理作用，被载入《中国药典》，各地药店可购。实验用药用树莓[掌叶覆盆子（*R. chingii*]幼果购自山西仁和大药房，由河南汉药集团出厂，采集地为江浙一带。

传统的提取的方法主要有：有机溶剂萃取法、冷浸法、酶法、超声波提取法、微波辅助提取法等。其中超声波提取法操作简单、快速、提取率高、无污染，经济实用，在分离工程中应用比较广泛。超声波可以使样品与溶剂之间发生空化，促进固体样品的分散，从而增加样品与溶剂的接触面积，提高提取物的溶解度，从而提高提取率。

响应面法采用多元二次回归方程拟合自变量（因素）与响应值（产率）之间的函数关系，通过对回归方程的分析来寻求最优工艺参数，是解决多变量问题的又一种统计方法。随着该方法推广，据该方法开发的软件 Design-expert 也不断更新，能提供图形结果和拟合曲线等更多信息。正交设计以拉丁方的正交性为依据，进行有选择的实验，在解决多变量问题上应用更久更广泛。目前也可以借助 SPSS 软件简化计算，便于获得最优的因素组合和最佳实验结果。本节通过这两种实验设计方法获得最佳的树莓黄酮超声提取工艺，同时探讨这两种方法在寻找最优提取条件上的优劣。

2.2.1 单因素实验结果与分析

在所选范围内各单因素对总黄酮提取率的影响如图 2-1,料液比为 1∶10,超声功率为 250 W,分别选择各个因素中包含最高提取率的三个水平,即超声时间为 30 min、40 min、50 min,浸提温度为 60 ℃、70 ℃、80 ℃,乙醇浓度*为 40 %、50%、60 %,进行下一步实验。

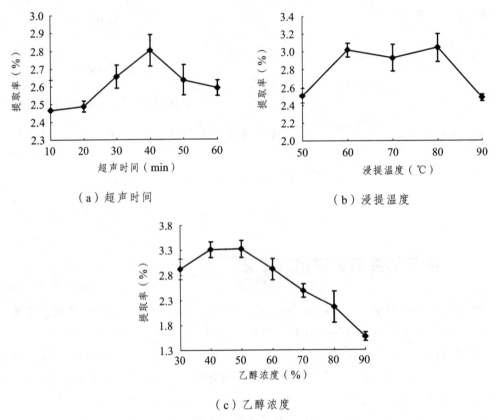

（a）超声时间　　　　　　　　　　（b）浸提温度

（c）乙醇浓度

图 2-1　各提取参数对黄酮提取率的影响

2.2.2 响应面法实验设计和结果分析

1. 树莓干果黄酮的提取工艺

响应面实验方案以三因素三水平,5个中心点,共17组实验,结果如表2-2,每组实验最少重复两次。

---

* "浓度"指体积分数,后同。

表 2-2　响应面数据方案与实验结果

	A：超声时间（min）	B：浸提温度（℃）	C：乙醇浓度（%）	提取率（%）
X1	30	60	50	3.04
X2	50	60	50	3.35
X3	30	80	50	3.05
X4	50	80	50	3.24
X5	30	70	40	2.42
X6	50	70	40	2.43
X7	30	70	60	2.50
X8	50	70	60	3.03
X9	40	60	40	3.01
X10	40	80	40	3.02
X11	40	60	60	3.19
X12	40	80	60	3.40
X13	40	70	50	3.83
X14	40	70	50	3.60
X15	40	70	50	3.56
X16	40	70	50	3.53
X17	40	70	50	3.54

2. 黄酮提取率回归模型的建立及显著性检验

采用 Design Expert 软件对实验数据进行多元回归拟合，得到以黄酮提取率为目标函数的二次回归方程：$Y=3.61+0.13\times A+0.015\times B+0.155\times C-0.03\times A\times B+0.13\times A\times C+0.05\times B\times C-0.501\times A^2+0.059\times B^2-0.516\times C^2$。对该模型进行回归分析结果如表 2.3 所示：模型的 $F=27.33$，$P<0.01$，表明该模型回归极显著；模型失拟项 $F=0.81$，$P>0.05$，即失拟项不显著；因变量与所考察各自变量之间的 $R^2=0.972\,3$，线性关系显著，模型调整确定系数 $R^2_{Adj}=0.936\,8$，说明该模型能解释 93.68%响应值的变化，总体说明模型对实验拟合情况较好，实验误差小，可用于预测树莓总黄酮提取最佳工艺。

表 2.3　回归模型的方差分析

项目	平方和	自由度	均方	F 值	P 值
模型	2.71	9	0.30	27.34	0.000 1**
A：超声时间	0.14	1	0.14	12.28	0.009 9**
B：浸提温度	0.00	1	0.00	0.16	0.698 1
C：乙醇浓度	0.19	1	0.19	17.45	0.004 1**
AB	0.00	1	0.00	0.33	0.585 4
AC	0.07	1	0.07	6.14	0.042 4*
BC	0.01	1	0.01	0.91	0.372 3
A^2	1.06	1	1.06	95.98	＜ 0.000 1**

项目	平方和	自由度	均方	F 值	P 值
B^2	0.01	1	0.01	1.33	0.2865
C^2	1.12	1	1.12	101.81	< 0.000 1**
残差	0.08	7	0.01		
失拟项	0.01	3	0.00	0.32	0.813 9
净误差	0.06	4	0.02		
总离差	2.79	16			

注：R^2=0.972 3，R^2_{Adj}=0.936 7，差异显著*（0.01< P<0.05），差异极显著**（P<0.01）。

从方差分析结果（表2-3）可知：A，C，AC，A^2，B^2，C^2的P<0.05差异显著性，各因素的F值大小依次是F_A>F_C>F_B，说明超声时间和乙醇浓度对黄酮的提取率的影响效应显著，并存在交互作用，而浸提温度的影响相对较小，在所检测范围差异不显著，与其他两个因素之间也不存在交互作用，这也可以根据三维响应曲面（图2-2）印证。图 2-2（b）显示随着乙醇浓度和超声时间变化的响应面趋势呈抛物线，出现极大值，并且曲面坡度较陡，说明超声时间和乙醇浓度之间存在交互作用，而图2-2（a）、（c）曲面平缓，等高线稀疏，浸提温度边几乎保持直线，说明即浸提温度与超声时间和乙醇浓度交互作用不大。

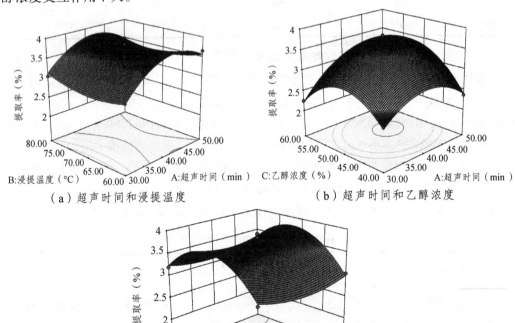

（a）超声时间和浸提温度　　　　　（b）超声时间和乙醇浓度

（c）浸提温度和乙醇浓度

图 2-2　黄酮提取率的响应曲面图

据模型推测黄酮提取的最佳工艺条件理论值为：超声时间 47.60 min，浸提温度 80 ℃，乙醇浓度 52.94%，理论最高提取率 3.52%。经过 3 次平行验证实验，实际测出的黄酮提取率 3.68%，比模型预测略高 4.2%，说明该方程与实际情况拟合很好，充分验证了所建模型的正确性。

2.2.3　正交设计和结果分析

利用 $L_9(3^4)$ 正交表建立的三因素三水平的正交实验方案和实验结果见表 2-4，每个组合重复两次。正交设计单因素统计结果见表 2-5。

表 2-4　$L_9(3^4)$ 正交实验设计和结果

序号	因素			提取率（%）	
	A：超声时间（min）	B：浸提温度（℃）	C：乙醇浓度（%）	第 1 次	第 2 次
Z1	30	60	40	2.69	2.60
Z2	30	70	50	3.39	3.45
Z3	30	80	60	2.34	2.43
Z4	40	60	50	3.49	3.56
Z5	40	70	60	3.39	3.27
Z6	40	80	40	2.94	3.09
Z7	50	60	60	2.58	2.55
Z8	50	70	40	2.72	2.43
Z9	50	80	50	3.73	3.24

表 2-5　正交设计单因素统计

	因素	平均值	误差	95%置信区间	
				下界	上界
	A 超声时间				
1	30 min	2.82	0.09	2.62	3.01
2	40 min	3.29	0.09	3.10	3.49
3	50 min	2.88	0.09	2.68	3.07
	B 浸提温度				
1	60 ℃	2.91	0.09	2.72	3.11
2	70 ℃	3.11	0.09	2.92	3.30
3	80 ℃	2.96	0.09	2.77	3.16
	C 乙醇浓度				
1	40 %	2.75	0.09	2.55	2.94
2	50 %	3.48	0.09	3.29	3.67
3	60 %	2.76	0.09	2.57	2.95

注：R^2=0.855，R^2_{Adj}=0.776，差异极显著**（$P<0.01$），差异显著*（$0.01<P<0.05$）

据单因素统计表 2-5 分析可知，各因素的影响强弱为：A2>B2>C2，即超声时间 40 min，乙醇浓度 50%，浸提温度 70 °C 是提取树莓黄酮的最佳工艺。方差分析表 2-6 中超声时间和乙醇浓度对实验结果有显著性影响，而浸提温度在所选择的 60 °C ~ 80 °C 对结果没有显著性影响，与响应面法分析结果一致。正交法分析中 R^2=0.855 和 R^2_{Adj}=0.776 的值较响应面的小，说明在线性关系和数据拟合上不如响应面法。

表 2-6　正交实验提取率的方差分析

项目	平方和	自由度	均方	F 值	P 值
模型	3.03	6	0.51	10.84	0.000
Intercept	161.47	1	161.47	3 465.03	< 0.001**
A 超声时间	0.80	2	0.40	8.58	0.006**
B 浸提温度	0.13	2	0.06	1.36	0.296
C 乙醇浓度	2.10	2	1.05	22.58	< 0.001**
误差	0.51	11	0.05		
总平方和	165.01	18			
总离差	3.54	17			

2.2.4　响应面分析与正交设计比较

基于单因素分析，响应面法和正交设计都能进一步探究超声时间、浸提温度和乙醇浓度对树莓总黄酮提取率的影响，并获得最佳的提取工艺，但是各有优劣。

1. 实验次数与数据信息

Design Expert 软件设计响应面法设计 3 因素 3 水平实验 17 组，其中 X13 ~ X17 是 5 组重复的中心点（中心点可选 1 ~ 999 的任何数据，软件默认 5 次），以每个组合至少重复实验两次计，实验最少进行 29 次。利用 L_9（3^4）正交表设计正交实验 9 组，以每个组合至少重复实验两次计，实验最少进行 18 次，两种方法得出的最佳工艺结果基本相同，方差分析结果都显示超声时间和乙醇浓度对提取率有显著影响，而在 60 ~ 80 °C 浸提温度的影响甚小，因此在响应面法中，最佳工艺中浸提温度为 80 °C，而正交设计的最佳工艺中，浸提温度是 70 °C，也不影响提取率。

但是响应面法对数据的分析比较详细，不仅可以知道各因素对提取率的影响的显著情况，还可以进一步分析出乙醇浓度和超声时间之间存在交互作用（如表 2-3 和图 2-2）；而在现有的正交实验组数不能判断各因素之间是否存在交互作用，除非利用 L_{18}（3^7）设计实验组合，那么实验量将扩大一倍达到 36 次，超过响应面实验量，这也就丧失了 L_9（3^4）正交设计在实验次数较少的优势。实际上如果在不设重复的情况下，响应面法分析软件可用 17 组数据分析（或最少 13 组），而正交法则只能利用极差法粗略分析，通过排列比较各组数据间极差值的大小，判断各因素不同水平之间对结果的影响大小来选择最佳工艺，不能判断各因素的显著水平，也无法计算误差值；如果用方差分析，则只能通过设置空白列或从 A、B、C 中选择均方最小列（没有显著性差异），设为误差列进行计算，这样显然很粗略。另外，即使在 4 因素、5 因素或者更多因素的研究中，两种方法的实验量和数据信息也是同理所推。

2. 三维模拟和理论预测

响应面法借助软件可以三维模拟推测出更直观更精确的最佳工艺，并给出预测值，而正交法只能在已经出现过的因素水平值之间选择，也无法对结果进行预测（见表 2-7）。比较两种方法得出的最佳方案的验证实验，结果显示响应面的实际结果比预测值高出 4.2%，比正交法验证结果高出 2.8%。

表 2-7　最优工艺验证实验对比

实验设计	因素			模型预测（%）	实际提取率（%）
	A：超声时间（min）	B：浸提温度（℃）	C：乙醇浓度（%）		
响应面法	47.6	80	52.9（约 53）	3.5	3.7
正交法	40	70	50	无	3.6

2.2.5　小结

正交设计只能对响应值进行方差分析，并在给定的组合中选择最佳工艺，而响应面法在少量增加实验次数的情况下，不仅可以对回归模型进行方差分析，并优化参数，提供更多精确的数据信息，更有利于在生产实践中寻找最佳工艺，节约成本，值得推广。实验结果，树莓幼果总黄酮最佳提取工艺为：超声时间 47.6 min，乙醇浓度 52.9%（约 53%），提取温度可控制在 60～80 ℃；超声时间和乙醇浓度对结果有显著影响，并且存在交互作用；实际验证提取率为 3.7%。

2.3　树莓幼果黄酮提取物的纯化工艺

植物提取物的纯化主要利用大孔树脂、活性炭、中孔碳材料和氧化石墨烯/海藻酸钙等材料的选择性吸附和解吸实现。大孔树脂因其价格实惠、可以反复使用、操作方便、污染小等特点被广泛使用。树脂吸附的可逆性是分离纯化的关键，故选择树脂时，需同时考虑它的吸附率和解吸率。以蛹虫草黄酮粗提物为研究对象，经研究分析选定 AB-8 为理想吸附树脂，产物纯度在 17% 以上。同样是针对红树莓提取物中的黄酮纯化，在筛选了极性和非极性树脂后，确定最佳树脂为 AB-8 大孔树脂，纯化后纯度可达 21.93%。本节在前人的基础上，扩大了树脂的选择范围，并与 AB-8 树脂进行了比较，综合考虑成本和效率，对纯化条件进行了优化；并通过 DPPH·自由基清除法和抑菌实验比较纯化前后提取物的清除自由基和抑菌活性差异。

2.3.1 树脂型号的筛选

大孔树脂通常是白色或咖色球形颗粒，具有稳定的物理化学性质。由于与物质之间形成氢键或范德华力，从而具有吸附性质；同时，网状孔穴的孔径允许树脂对通过孔径的不同分子量的化合物具有一定的选择性，通过表面静电性、表面吸附或形成氢键来达到分离和纯化的目的。选择非极性树脂 4 种、弱极性树脂 3 种和极性树脂 1 种，来筛选合适的树莓黄酮纯化树脂。八种树脂的吸附率和解吸率见表 2-8。从表中可见，非极性树脂 D101 和弱极性树脂 AB-8 和 XDA-6 的吸附率均超过 75%，解吸率也超过 80%，适合作为树莓黄酮的纯化树脂，而极性大孔树脂 D201 不仅吸附率低，而且解吸率不足 10%，不适合作为树莓黄酮纯化。

表 2-8   不同大孔树脂的吸附和解吸一览表

树脂型号	吸附类型	吸附率（%）	解吸率（%）
HP-20	非极性	60.31±0.34	87.97±0.64
D101	非极性	80.16±0.25	87.28±2.79
X-5	非极性	67.51±0.34	91.12±1.05
LX-68	非极性	42.03±2.29	98.27±4.55
AB-8	弱极性	77.76±2.63	83.14±5.75
XDA-6	弱极性	81.53±0.68	82.94±1.39
XDA-8	弱极性	69.24±1.27	75.85±9.84
D201	极性	57.07±5.93	7.46±0.03

为了更精确地比较 D101、AB-8 和 XDA-6 在纯化树莓黄酮上的差异，由图 2-3 可见三种树脂的静态吸附和解吸附动力学曲线，吸附 16 h 后，XDA-6 的吸附率达到 83.7%，明显高于 AB-8 的 74.4% 和 D101 的 61.9%。而解吸附 2 h 后，XDA-6 的解吸率达到 83.0%，高于 AB-8 的 73.4% 和 D101 的 69.7%，兼顾时间效率、吸附率和解吸率几个指标，选择 XDA-6 作为纯化树脂。

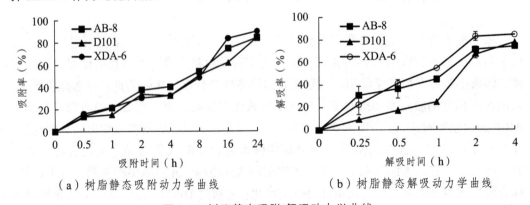

（a）树脂静态吸附动力学曲线　　　（b）树脂静态解吸动力学曲线

图 2-3   树脂静态吸附/解吸动力学曲线

2.3.2　上样液浓度的选择

树脂静态吸附结果显示：上样液浓度与大孔树脂的吸附量和吸附效率是密切相关的。由图 2-4（a）可见，随着上样浓度的增加，树脂吸附量逐渐增加，原液吸附量达到最大 62.11 mg，但是吸附效率则逐渐下降，原液的吸附率下降到 74%，但考虑到稀释后增加了上样体积，增加了收样时间，所以综合考虑时间成本和效率，选择上样液为原液。由图 2-4（b）可见，当上样液 pH 为 3~4 时吸附率最高，而黄酮类化合物呈弱酸性，经检测原液的 pH 为 3.85，满足最适 pH 范围，可以直接上样。

树脂动态吸附结果图 2-4（c）显示：分别用原液、2 倍稀释液、4 倍稀释液以 6 柱体积（BV）/h 上样，所含黄酮浓度分别为 77.5 mg/BV、37.0 mg/BV、19.4 mg/BV，且分别在 5 BV（68.2 mg/BV）、7 BV（30.9 mg/BV）、18 BV（17.2 mg/BV）时达到泄漏点（流出液黄酮质量浓度为上样液黄酮质量浓度的 1/10），将泄漏点前树脂吸附的黄酮量累加起来，得到大孔树脂总的吸附量分别为 362.64 mg、241.15 mg、340.56 mg，大孔树脂体积为 25 mL，根据公式 7.15 计算得出大孔树脂的吸附浓度分别为 14.50 mg/mL、9.646 mg/mL、13.62 mg/mL。可见上样液浓度较大时有利于黄酮的吸附，且出现泄漏点的时间早，结合静态上样液选择结果，最终确定上样液浓度为原液。

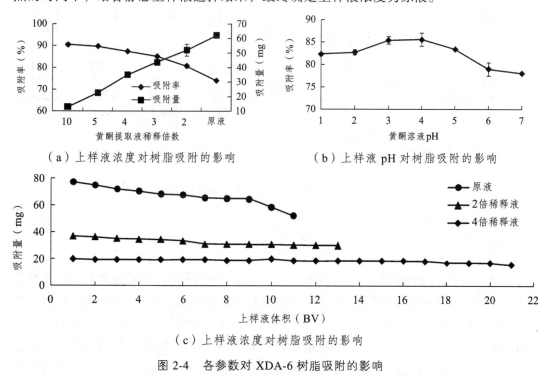

（a）上样液浓度对树脂吸附的影响　　　　（b）上样液 pH 对树脂吸附的影响

（c）上样液浓度对树脂吸附的影响

图 2-4　各参数对 XDA-6 树脂吸附的影响

2.3.3　解吸条件的选择

乙醇浓度在 60% 时解吸率最高，达到 87%，如图 2-5（a）可见；洗脱流速为 4 BV/h

的解吸量最高，解吸效果最好，故将解吸流速控制在 4 BV/h，如图 2-5（b）可见；5 BV 后解吸量增长极其缓慢，故将洗脱液体积定为 5 BV，如图 2-5（c）可见。

　　XDA-6 树脂纯化树莓黄酮工艺条件是：原液以 6 BV/h 的流速上样（大孔树脂的吸附浓度为 14.50 mg/mL），60%乙醇以 4 BV/h 的流速进行洗脱，洗脱液用量约为 5 BV。纯化后提取物的总黄酮含量 35.8%，较纯化前提取物总黄酮含量 16.2%提高了 1.21 倍。

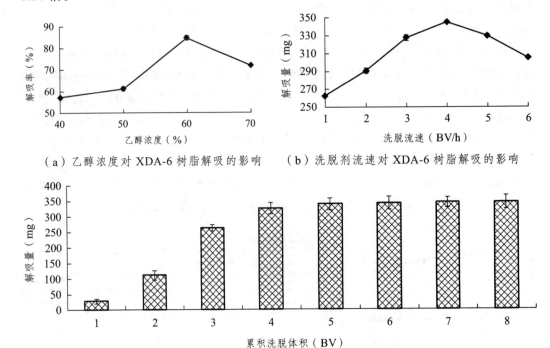

（a）乙醇浓度对 XDA-6 树脂解吸的影响　　（b）洗脱剂流速对 XDA-6 树脂解吸的影响

（c）洗脱剂流速对 XDA-6 树脂解吸的影响

图 2-5　各参数对 XDA-6 树脂解吸的影响

2.3.4　小结

　　通过对所选 8 种树脂对树莓幼果提取液的总黄酮吸附和解吸性能的研究，由静态吸附并结合动态吸附结果筛选出 XDA-6 树脂为最佳的黄酮分离纯化的树脂，它的吸附率为 83.7%，解吸率为 83.0%。XDA-6 树脂在室温下对树莓幼果提取液动态吸附洗脱黄酮的最佳工艺条件为：原液以 6 BV/h 的流速上样（大孔树脂的吸附浓度为 14.50 mg/mL），60%乙醇以 4 BV/h 的流速进行洗脱，洗脱液用量约为 5 BV。纯化后提取物的总黄酮含量 35.8%较纯化前提物总黄酮含量 16.2%提高了 1.21 倍，说明纯化工艺稳定提高了提取物中总黄酮含量。

2.4　树莓幼果提取物纯化前后的活性比较

树莓幼果经过乙醇辅助超声提取后，一部分提取液经浓缩干燥后，为果提物Ⅰ；另一部分经 XDA-6 大孔树脂纯化，纯化液再经过浓缩干燥后，为果提物Ⅱ。本节对果提物Ⅰ和Ⅱ进行溶解度、抗氧化活性和抑菌活性进行测试和比较。

2.4.1　不同乙醇浓度下纯化前后提取物中总黄酮含量变化

黄酮的种类繁多，溶解度因其所接侧链和聚合度（苷或苷元，单糖苷，双糖苷或三糖苷）不同而差异巨大。以不同乙醇浓度溶解纯化前后提取物，经比色法测定发现总黄酮含量随乙醇浓度提高发生有规律的变化，结果见图 2-6。随着乙醇浓度的不断增加，纯化前后提取物的溶解度呈现出先升高再降低的趋势，在 50%乙醇浓度处溶解度最高，果提物Ⅰ和果提物Ⅱ中总黄酮含量分别达到 21.12%和 40.36%，大约提高了91.10%，即 1 mg/mL 的果提物Ⅰ溶液相当于有效黄酮浓度约为 0.2 mg/mL，而 1 mg/mL的果提物Ⅱ溶液则相当于有效黄酮浓度约为 0.4 mg/mL；另外，纯化后药粉的黄酮含量始终高于纯化前药粉的含量。

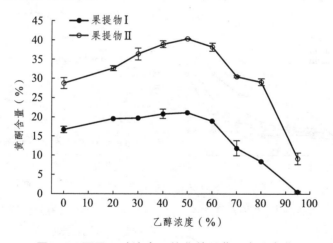

图 2-6　不同乙醇浓度下纯化前后黄酮含量变化

2.4.2　纯化前后果提物抗氧化活性变化

将果提物Ⅰ和Ⅱ分别用 60%的乙醇配制和稀释成浓度为 0.05、0.10、0.25、0.5、1.0、2.0 mg/mL 溶液，通过 DPPH·抗氧化活性检测，结果见图2-7。果提物Ⅰ的 IC_{50}=17.88 μg/mL高于果提物Ⅱ的 IC_{50}=10.29 μg/mL，说明纯化后果提物增强了抗氧化活性。

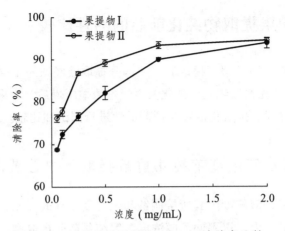

图 2-7　纯化前后果提物 DPPH·清除率比较

2.4.3　纯化前后提取物对细菌抑菌活性的影响

在不含提取物的 LB 培养基中，大肠杆菌（Eschrichia coli）和金黄色葡萄球菌（Staphylococcu aureus）正常生长，经过 24 h 的培养，$A_{600 nm}$ 值接近 1.0，而在含有不同提取物不同浓度培养基中，两种细菌的生长都受到了不同程度的抑制，结果见图 2-8。

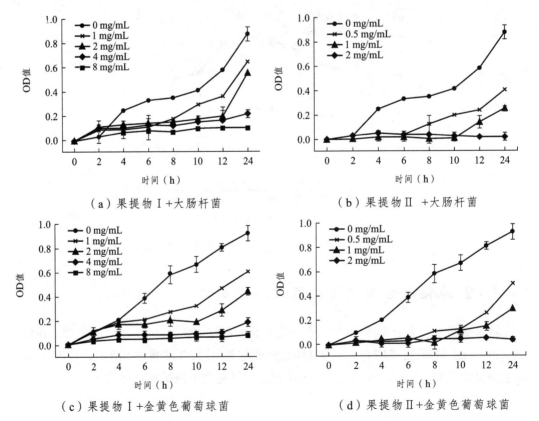

（a）果提物Ⅰ+大肠杆菌　　　　　（b）果提物Ⅱ +大肠杆菌

（c）果提物Ⅰ+金黄色葡萄球菌　　　　（d）果提物Ⅱ+金黄色葡萄球菌

图 2-8　纯化前后抑菌活性比较

如图 2-8（a）、（c）显示两种细菌的果提物 I 最小抑菌浓度 MIC 值为 8 mg/mL，相当于有效黄酮浓度为 1.6 mg/mL；如图 2-8（b）、（d）显示，果提物 II 的最小抑菌浓度 MIC 为 2 mg/mL，相当于有效黄酮浓度为 0.8 mg/mL，也就是在纯化后黄酮含量增加约 1 倍的情况下，抑菌活性提高了 2 倍，说明大孔树脂纯化对这两种细菌的抑菌组分得到了更好的富集。在细菌培养中还发现：高浓度的果提物 I（特别是 8 mg/mL）由于杂质和颗粒存在，对吸光值有少量影响；而果提物 II 易溶解，无杂质沉淀，不影响吸光值。

2.4.4 纯化前后提取物对真菌抑制活性的影响

小麦赤霉菌（又名禾谷镰刀菌，*Fusarium graminearum*）和棉花枯萎菌（*Fusarium oxysporum f. sp. vasinfectum*）是危害小麦和棉花正常生长的真菌，果提物 I、II 对真菌菌丝生长均具有抑制作用。由图 2-9 可知，不同浓度果提物 I、II 添加都能抑制菌丝生长，并且随着药液浓度的增加对真菌菌丝的抑制作用不断加强；果提物 I 和果提物 II 对小麦赤霉菌的抑制活性总体上比棉花枯萎菌的高；果提物 II 抑菌活性略高于果提物 I，但是这种差异在两种真菌中都表现为随着药液浓度增加，差异逐渐减少的趋势。药液浓度为 1 mg/mL 时，对小麦赤霉菌抑菌率从果提物 I 的 20.38%提高到果提物 II 的 30.00%，抑制率提高了 44.02%。药液浓度为 8 mg/mL 时，对小麦赤霉菌抑菌和棉花枯萎菌的抑制率差异不显著（$P>0.05$）。

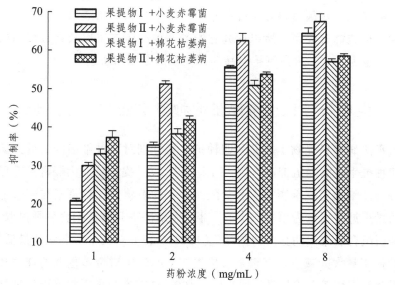

图 2-9　果提物 I 和果提物 II 对真菌菌丝的抑制率比较

2.4.5 小结

幼果提取物中总黄酮含量从纯化前（果提物 I）的 21.12%提高到纯化后（果提物 II）的 41.36%，果提物 II 杂质少，溶解度高，清除 DPPH·能力更高，大肠杆菌和金黄色葡萄球菌的最小抑菌浓度 MIC 更低。但是，果提物Ⅱ对真菌抑制效率的提高低于对细菌的抑制效率。这可能是因为黄酮类化合物含多种酚羟基，可破坏细菌细胞壁及细胞膜的完整性，影响细胞代谢过程，从而抑制细菌的生长，但是真菌细胞壁厚可能影响了对真菌的抑制效果。

2.5　树莓幼果提取物与抗生素配伍的抑菌

抗生素在医药和农业上广泛使用，给人类带来巨大的利好，但是也带来一些严重后果。高浓度的抗生素抑菌环境加速了致病菌的进化，从而变异产生抗药的超级细菌；而且过量的抗生素被人类释放到水和土壤中，打破了微生物圈甚至整个生物圈的平衡。有研究表明，黄酮类化合物可以极大地增强部分抗生素的抑菌效果，这种协同抑菌效果并非简单的累加。譬如黄酮类化合物与大环内酯类抗生素具有协同抑菌作用，其作用机制极有可能是两者化学结构具有互补性，黄酮类化合物氧杂蒽酮 C-葡萄糖苷的部分糖性基团在大环内酯类抗生素的大环内酯环上起到了修饰基团的作用。很多研究也证明了 3-O-酰基-儿茶素的协同抑菌作用，其机理是破坏了细胞质膜或细胞壁的磷酸结构导致细胞破裂，绿茶中提取的儿茶酚更是可以通过抑制牙龈扑哺单胞菌的基因表达而达到抑制细菌生长、保护牙龈的目的。在番石榴中提取的番石榴苷（一种植物黄酮）对造成龋齿的变性链球菌有很好的抑制作用。鉴于协同抑菌效果与病菌、抗生素以及天然化合物的种类都有关系，所以探究它们的多种配伍方式以及化合物结构联系显得尤为重要，这也为人类未来研制抗菌新药提供新的方向与机遇。

2.5.1　提取物与抗生素配伍的抑菌实验

利用棋盘法研究果提物Ⅰ、Ⅱ和四种抗生素分别对三种细菌的最低抑菌浓度，以及它们与四种抗生素的配伍抑菌作用，结果如表 2-9。提取物对大肠杆菌有更好的抑菌效果。三种被测细菌对氨苄青霉素和盐酸四环素的敏感性比红霉素与硫酸链霉素强。果提物Ⅱ的最小抑菌用量为果提取Ⅰ的一半，而果提物Ⅱ的黄酮含量是提取Ⅰ的 2 倍。绝大多数配伍组合表现出明显的协同效应（FICI<0.25），对比单一药物的最低抑菌用量，混合药物的使用量大大减少。红霉素与果提物Ⅰ的配伍对金黄色葡萄球菌和大肠杆菌的抑制效果最好，红霉素用量降至原来的 1/100；红霉素与果提物Ⅱ配伍抑制金黄色葡萄球菌和大肠杆菌，其用量降至原来的 1/20 ~ 1/5。氨苄青霉素与果提物Ⅱ的配伍对金黄色葡萄球菌和大肠杆菌的抑制、红霉素与果提物Ⅱ的配伍对沙门氏菌的抑制均表现为部分协同效果（0.5≤FICI<1.0）。

表 2-9 树莓果提取物Ⅰ、Ⅱ和抗生素的协同抑菌作用

药剂 A/B	[a]MIC alone A (mg/mL)	B (μg/mL)	MIC in combination A+B (mg/mL)+(μg/mL)	Fold MIC in combination	[b]FICIs	[c]Effect	[d]Effect (Time-kill curve)
金黄色葡萄球菌 *Staphylococcus aureus*							
果提物Ⅰ/AMP	16	4	6.4+0.4	2/5+1/10	0.50	S	S
果提物Ⅰ/ERY	16	250	3.2+2.5	1/5+1/100	0.21	S	S
果提物Ⅰ/TET	16	4	0.8+0.2	1/20+1/20	0.10	S	S
果提物Ⅰ/STR	16	125	0.8+12.5	1/20+1/10	0.15	S	S
果提物Ⅱ/AMP	8	4	3.2+1.6	2/5+2/5	0.80	N	S
果提物Ⅱ/ERY	8	250	0.8+2.5	1/10+1/50	0.12	S	S
果提物Ⅱ/TET	8	4	0.4+0.2	1/20+1/20	0.10	S	S
果提物Ⅱ/STR	8	125	0.4+12.5	1/20+1/10	0.15	S	S
大肠杆菌 *Escherichia coli*							
果提物Ⅰ/AMP	8	64	3.2+6.4	2/5+1/10	0.50	S	S
果提物Ⅰ/ERY	8	500	0.8+5.0	1/10+1/100	0.11	S	S
果提物Ⅰ/TET	8	16	0.8+1.6	1/10+1/10	0.20	S	S
果提物Ⅰ/STR	8	500	0.4+25	1/20+1/20	0.15	S	S
果提物Ⅱ/AMP	4	64	1.6+6.4	2/5+1/10	0.50	S	S
果提物Ⅱ/ERY	4	500	0.4+5.0	1/10+1/100	0.11	S	S
果提物Ⅱ/TET	4	16	0.4+1.6	1/10+1/10	0.2	S	S
果提物Ⅱ/STR	4	500	0.2+25	1/20+1/20	0.10	S	S

2 树莓幼果主要活性成分的提取、纯化和活性研究

药剂 A/B	aMIC alone A (mg/mL)	B (μg/mL)	MIC in combination A+B (mg/mL)+(μg/mL)	Fold MIC in combination	bFICIs	cEffect	dEffect (Time-kill curve)
			沙门氏菌 Salmonella enterica				
果提物 I /AMP	20	125	2.0+ 12.5	1/10+1/10	0.20	S	S
果提物 I /ERY	20	500	8.0+ 50.0	2/5+1/10	0.50	S	S
果提物 I /TET	20	8	1.0+ 0.8	1/20+1/10	0.15	S	S
果提物 I /STR	20	500	1.0+ 100	1/20+1/5	0.25	S	S
果提物 II /AMP	10	125	2.0+ 12.5	1/5+1/10	0.30	S	S
果提物 II /ERY	10	500	4.0+ 100	2/5+1/5	0.60	N	S
果提物 II /TET	10	8	0.5+ 0.8	1/20+1/10	0.15	S	S
果提物 II /STR	10	500	0.5+ 25	1/20+1/20	0.10	S	S

注：aMIC: Minimal inhibitory concentration, 最小抑菌浓度；bFICI = FIC$_A$+ FIC$_B$ = (MIC$_A$ in combination/ MIC$_A$ alone) + (MIC$_B$ in combination/ MIC$_B$ alone)；cEffect: 效果；S: synergy, 协同作用，0＜FICI≤0.5 和 synergy with a decrease of ≥ 2×log$_{10}$ CFU/mL（如图 2-10）；N: no interaction, 无相互作用；dTime-kill curve, 时间致死曲线；菌落形成单位（CFU, Colony-Forming Units）；AMP: ampicillin, 氨苄青霉素；TET: tetracycline, 四环素；ERY: erythromycin, 红霉素；STR: streptomycin, 链霉素。

2.5.2 时间致死曲线

各配伍组合的时间致死曲线结果如图 2-10，药液单独存在时（1×MIC），一开始细菌增长缓慢，但 24 h 后与空白组基本持平。而配伍组合的菌液浓度的对数值在 24 h 后下降量大于 2，表明实验中的配伍均有协同效果，成功验证前面的 96 孔配伍实验结果。

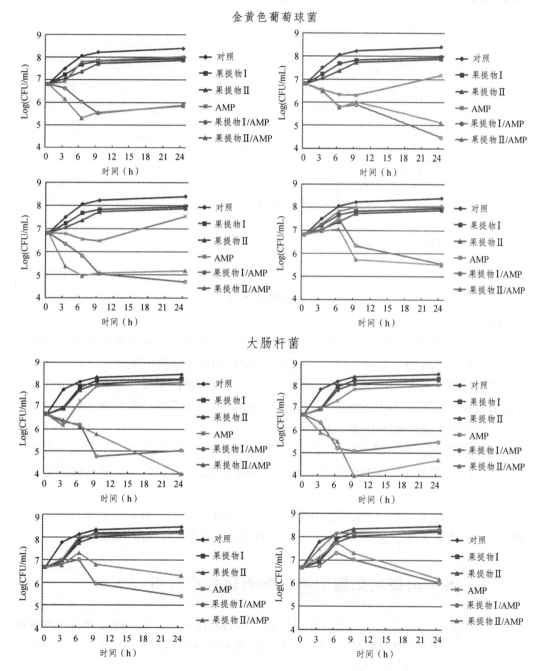

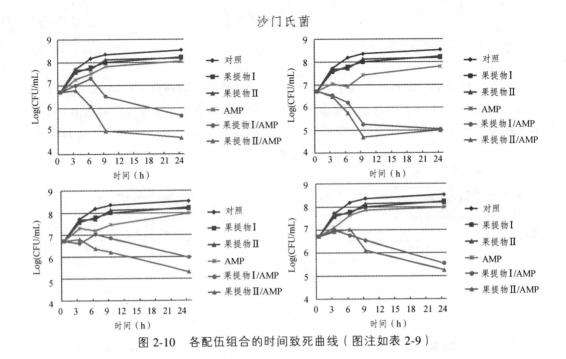

图 2-10 各配伍组合的时间致死曲线（图注如表 2-9）

2.5.3 小结

（1）氨苄青霉素与果提物Ⅰ和Ⅱ配伍抑制金黄色葡萄球菌和大肠杆菌组实验菌的协同效果不明显，而对沙门氏菌有较好的协同抑菌效果，且青霉素的抑菌浓度降至原浓度的 1/10。

（2）红霉素与果提物Ⅰ和Ⅱ配伍抑制金黄色葡萄球菌和大肠杆菌两种实验菌的协同效果明显，FICI 值可低至 0.11，而对沙门氏菌协同抑菌效果不明显。

（3）盐酸四环素与果提物Ⅰ和Ⅱ配伍抑制三种菌的协同效果均很好，配伍液对金黄色葡萄球菌的协同抑制效果更好，FICI 值可达 0.1，四环素、果提物Ⅰ、Ⅱ的抑菌浓度最低至独立剂量的 1/20 至 1/10。

（4）硫酸链霉素与果提物Ⅰ和Ⅱ配伍抑制三种菌的协同效果均很好，FICI 值最低可达到 0.1。果提物Ⅰ、Ⅱ抑菌浓度降为独立剂量的 1/20，抗生素浓度最低降为独立剂量的 1/5。

总之，所有配对组合均表现出协同作用（0 < FICI< 1.0）。特别是，组合中的红霉素在抑制大肠杆菌和金黄色球菌中浓度降低到其独立剂量的 1/50 ~ 1/100。

2.6 多种树莓幼果提取物中酚类化合物分析

树莓幼果提取物中含有大量的原花色苷类型的缩合单宁和鞣花酸类型的可水解单宁，经过一定的沸煮或者高温（121 ℃）处理，有利于这些结合态的多酚溶出，提高药液中的活性成分，同时提高抗氧化活性。

2.6.1 不同条件下提取物中的总酚和总黄酮含量

将两种提取物果提物Ⅰ和果提物Ⅱ用不同的方式溶解后，利用比色法测定总酚和总黄酮含量，结果显示如图 2-11。与室温条件相比，沸水、50%乙醇和高温（121 ℃）条件，都不同程度地有利于两种提取物的酚类物质释放。统计学分析也显示，高温（121 ℃）的效率最高，最有利于化合物释放，它与室温条件下的结果相比都存在显著性差异。

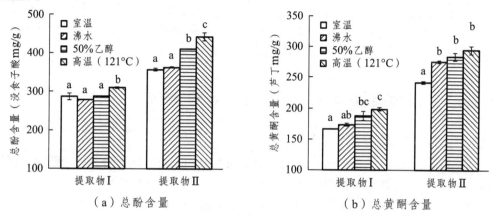

图 2-11　不同条件下树莓幼果提取物的总酚和总黄酮含量

注：相同小写字母表示差异不显著（$P>0.05$），不同小写字母表示差异显著（$P<0.05$）。

2.6.2 四种提取物抗氧化活性结果

基于上述结果，将果提物Ⅰ和Ⅱ的提取液在除醇减压浓缩后的样液，经高温（121 ℃）30 min 后，干燥喷粉，分别制备果提物Ⅰ+和果提物Ⅱ+。总酚和总黄酮检测结果显示四种提取物之间的酚类物质含量均具有显著性差异，含量依次为果提物Ⅰ<果提物Ⅰ+ <果提物Ⅱ< 果提物Ⅱ+（见图 2-12）。这与它们的抗氧化活性正相关，在四种提取物抗氧化活性实验 DPPH·和 ABTS·的半致死浓度（IC_{50}）的比较中，也显示类似的规律（见图 2-13）。

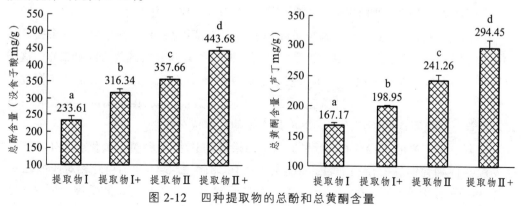

图 2-12　四种提取物的总酚和总黄酮含量

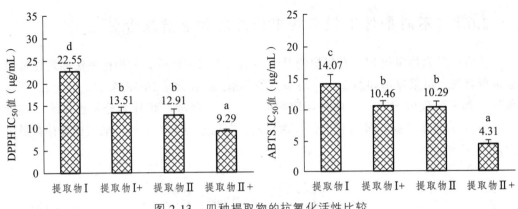

图 2-13　四种提取物的抗氧化活性比较

2.6.3　四种提取物的主要酚类化合物变化

1. 对照品和提取物的色谱图

基于树莓中 11 种典型的多酚采用液质联用（HPLC-MS）定量分析，它们的色谱图如图 2-14，中英文名字和检测质量数显示在表 2-10。S1～S5 分别鉴定为鞣花酸聚合（HHDP-没食子葡萄糖、Sanguiin H-10 和 Sguiin H-6）、鞣花酸戊糖苷和香豆素衍生物（短叶苏木酚酸的一个单位，属于鞣花酸聚合后水解的单宁），它们主要是可溶性鞣花酸的衍生物的低聚类型，常在覆盆子和黑莓等浆果中被鉴定出来。在本节的研究中，虽然没有被定量分析，但是在被检测提取物中变化差异大，特别在高温（121 ℃）处理过的果提物Ⅰ+和果提物Ⅱ+中明显增加。

2. 提取物中主要酚类物质的变化

4 种提取物的总酚含量增加趋势为：果提物Ⅰ<果提物Ⅱ<果提物Ⅰ+<果提物Ⅱ+，总黄酮含量增加趋势为：果提物Ⅰ<果提物Ⅰ+<果提物Ⅱ<果提物Ⅱ+。这表明树脂纯化和高温（121 ℃）均能增强树莓提取物的活性成分，但富集的活性成分可能有所不同。通过大孔树脂纯化，所有 11 种被测试的多酚都增加了 30%～300%。儿茶素、原花青素B1 和表儿茶素的富集率最高，均在 100% 以上（见表 2-10）。

在高温（121 ℃）处理之后，这些多酚的变化可分成三组（见图 2-14 和表 2-10）。

① 不变组：峰 2 被鉴定为短叶苏木酚酸，这是基于在 m/z 291 处有一个去巯基 [M-H]，并且具有与对照品有相同的保留时间。此外，其断裂模式为 247 和 203，这与羧基部分的损失相对应。短叶苏木酚酸以前已在石榴中鉴定。此外，山奈酚和槲皮素的峰 10 和 11 很小（<1），经过高温（121 ℃）和树脂纯化后，山奈酚的含量变化没有显著性差异。说明这两种黄酮苷元都不是主要的提取成分。

② 降低组：高温（121 ℃）后果提物Ⅰ和果提物Ⅱ中 4 种黄酮类化合物（芦丁、槲皮素-3-O-葡萄糖醛酸苷、山奈酚-3-O-芸香糖苷、山奈酚-3-O-葡萄糖苷相对应的峰 6、7、8 和 9）分别下降了 10%～20%。其他研究也显示，富含草莓、酸樱桃、覆盆子或

黑醋栗渣的松饼在高温烘烤（分别为 140 ℃、180 ℃ 和 220 ℃）后鞣花酸和总酚含量增加，但花色苷和黄酮醇苷含量降低。因此，推测它们在高温（121 ℃）过程中黄酮类糖苷大分子先失去糖苷解聚为槲皮素和山柰酚黄酮苷元，之后再进一步降解。这也就解释为什么槲皮素和山柰酚积累量不大，不与它们对应糖苷分子的减少量相匹配的问题。

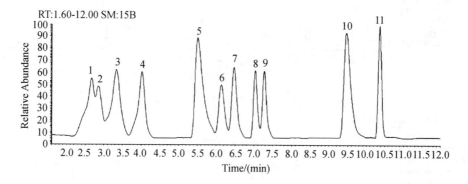

（a）对照品（Y-axis-100%）

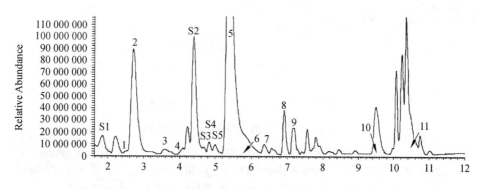

（b）果提物 I（Y-axis-50%，1 mg/mL）

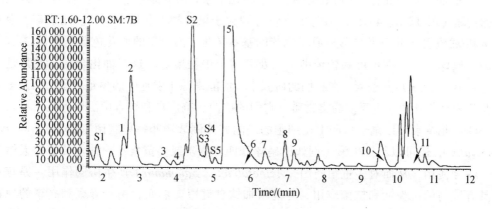

（c）果提物 I+（Y-axis-50%，1 mg/mL）

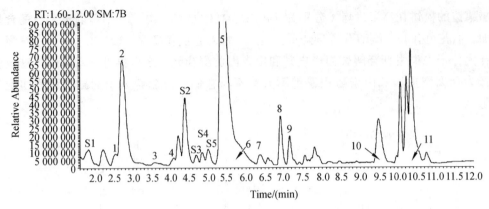

（d）果提物Ⅱ（Y-axis-50%，0.5 mg/mL）

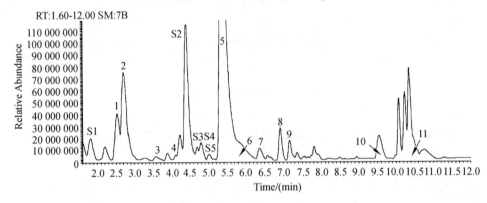

（e）果提物Ⅱ+（Y-axis-50%，0.5 mg/mL）

图 2-14　对照品和提取物的色谱图

注：1—11 化合物详见表 2-10。S1：HHDP-没食子葡萄糖（HHDP-galloyl glucose）；
S2：香豆素衍生物 coumarin derives；S3：Sanguiin H-10；S4：鞣花酸戊糖苷 ellagic
acid pentioside；S5：Sanguiin H-6；箭头表示目标物被其他化合物掩盖。

③增加组：果提物Ⅰ+和果提物Ⅱ+中的儿茶素、表儿茶素、原花色苷 B1、鞣花酸和槲皮素（峰 1、3、4、5 和 10）的含量分别大于果提物Ⅰ和果提物Ⅱ。儿茶素、表儿茶素和/或没食子儿茶素是形成原花色苷的基本单位。最简单的原花色苷是黄烷-3-醇单元的二聚体，已经在可可和葡萄种子以及蔓越莓中被鉴定。这三种化合物，尤其是原花色苷 B1 和（+）-儿茶素，在我们的研究中，可能来源于发育中的树莓种子。儿茶素和表儿茶素是茶叶中的主要多酚类物质，它们的抗菌、抗病毒和抗真菌活性近几十年来备受关注。儿茶素可以调节口腔上皮细胞的黏附并抑制牙龈卟啉单胞菌（*Porphyromonas gingivalis*），还可以与抗生素（例如甲硝唑和四环素）或姜黄素（一种姜黄中的天然多酚）联合使用，从而对多重耐药菌（*Acinetobacter baumanni*）产生协同作用。原花色苷具有较高的抗炎症和抗菌作用，并能增加饮食健康。然而，由于寡聚和高聚的原花色苷的不可溶性，难以提取和分析。因此，在化学和营养研究中通常不考虑这些化合物。但是，我们推测高温（121 ℃）处理后的高聚型原花色苷解聚，可能是提取物中儿茶素、表儿茶素、原花色苷 B1 和总黄酮增加的主要原因。此外，鞣花酸在四种提取物

的总酚中占 50%以上：果提物Ⅰ为 73.00%，果提物Ⅰ+为 79.22%，果提物Ⅱ为 67.00%，果提物Ⅱ+为 74.91%（见表 2-10）。因此，高温（121 ℃）后，水解单宁解聚成小分子物质，或鞣花酸衍生物中糖苷的损失，可能是鞣花酸增加的主要原因，从而导致总酚增加。鞣花酸不仅有类似商业抗真菌剂氟康唑的作用，能抑制毛癣菌（*Trichophyton rubrum*）的生长，还可以与四环素联合使用，在体外和体内抑制引起青少年皮肤疾病的痤疮丙酸杆菌（*Propionibacterium acnes*）的耐药性生物膜的形成，可用于治疗痤疮。因此，树莓提取物中的鞣花酸可能对于治疗真菌和青少年某些皮肤病有很重要的应用价值。

2.6.4 小结

通过比色法和 HPLC-MS 分析，树莓提取物经高温（121 ℃）和纯化后的抗氧化和抗菌活性随着总酚和总黄酮的增加而增加。我们推测高温（121 ℃）可以破坏不溶性聚合物共价结合的形式，提高植物多酚，特别是表儿茶素、儿茶素、鞣花酸和原花青素B1 的含量，但会降低 10%~20%黄酮苷的含量。而大孔树脂富集了被检测的 11 种多酚，没有表现出明显的选择性吸附。因此，进一步研究评估生物活性成分和处理之间的相关性，将有利于将大孔树脂纯化和高温（121 ℃）处理复合用于树莓提取物的制备中。

表 2-10　定量分析四种提取物的主要酚类化合物

序号	保留时间	化合物	中文名	m/z (-) ESI-MS	果提物 I μg/g 干重	果提物 I+ μg/g 干重	a 倍数 (%)	果提物 II μg/g 干重	b 倍数 (%)	果提物 II+ μg/g 干重	c 倍数 (%)
1	2.19	(+)-catechin	儿茶素	289.07	91.04±2.07 a	630.54±6.81 c	592.60	368.09±5.57 b	304.32	1 535.86±137.85 d	317.25
2	2.55	brevifolin carboxylic acid	短叶苏木酚酸	291.01	1 650.57±43.88 a	1 578.87±94.71 a	--	2 386.47±45.54 b	44.59	2 250.40±193.46 b	--
3	2.74	proanthocyanidin B1	原花青素 B1	577.14	126.4±14.99 a	477.32±39.29 b	277.64	480.33±29.72 b	280.02	1 369.12±67.18 c	185.04
4	3.91	(-)-epicatechin	表儿茶素	289.07	17.92±0.61 a	217.63±1.77 c	1 114.49	47.43±0.83 b	164.70	513.82±5.46 c	983.29
5	5.31	ellagic acid	鞣花酸	300.99	9 031.09±51.39 a	15 715.20±178.97 c	74.01	11 945.7±297.73 b	32.27	23 731.35±380.20 d	98.66
6	6.01	quercetin-3-O-rutinoside	芦丁	609.15	183.5±6.27 b	161.99±13.35 a	(11.73)	306.11±26.52 d	66.82	276.96±7.45 c	(9.52)
7	6.36	quercetin 3-glucuronide (Q3G)	槲皮素-3-O-葡萄糖醛酸苷	477.07	88.73±3.87 b	69.86±5.40 a	(21.27)	165.77±13.47 d	86.82	125.78±1.42 c	(24.13)
8	6.92	kaempferol-3-O-rutinoside (K3R)	山奈酚-3-O-芸香糖苷	593.12	902.57±67.93 b	741.41±8.95 a	(17.86)	1 618.37±167.73 d	79.31	1 411.74±93.48 c	(12.77)
9	7.16	kaempferol 3-O-glucoside (K3G)	山奈酚-3-O-葡萄糖苷	447.09	267.97±12.36 b	233.00±15.45 a	(13.05)	493.08±19.52 d	84.01	441.58±8.23 c	(10.44)
10	9.40	quercetin (Q)	槲皮素	301.04	5.24±0.24 a	6.35±0.18 b	21.11	9.75±0.16 c	86.12	14.65±0.24 d	50.18
11	10.26	kaempferol (K)	山奈酚	285.04	6.02±0.63 a	5.51±0.06 a	--	7.75±1.04 b	45.43	7.44±0.45 b	--
		总酚			12 371.05	19 837.66	60.36	17 828.85	44.13	31 678.68	77.67
		总黄酮			1 689.39	2 543.59	50.56	3 496.70	107.04	5 696.94	62.88
		鞣花酸/总酚			73.00	79.22		67.00		74.91	
		K3R/总黄酮			53.43	29.15		46.27		24.78	

注：--，低于检出限。（　），减少的倍数。根据多因素方差分析 Duncan's 检验。同一行上，相同字母表示没有显著性差异($P>0.05$)，不同字母表示有显著差异($P<0.05$)。a 倍数 =（果提物 II + －果提物 I）/果提物 I×100。b 倍数 =（果提物 II－果提物 I）/果提物 I×100。
c 倍数 =（果提物 II + －果提物 II）/果提物 II×100。

3 树莓果渣中花色苷的提取、纯化和活性研究

3.1 花色苷的研究概况

从 16 世纪开始，人们就认识到有色果蔬特别是浆果中含有丰富的花青素（anthocyanidin），这些化合物对人体健康有益。此后大量的研究着力于花色苷的分离鉴定、代谢途径、药理作用和提取纯化等多个方向。花青素又称为"花色素"，是一种水溶性植物色素，常与葡萄糖、阿拉伯糖或半乳糖等相连形成花色苷，多种植物的花、果、茎、叶的组织细胞中都含有花色苷，葡萄、蓝莓、树莓、黑加仑、紫胡萝卜、紫玉米、黑米、紫甘薯、红甘蓝等植物中含量颇高。

3.1.1 花青素的化学结构

花青素是植物特有的次生代谢产物，其母核为 2-苯基苯丙吡喃的结构（如下图）。虽然它也有典型的 C6-C3-C6 的黄酮母核结构，但是由于 C 环上缺少 C=O 结构，严格意义上不属于酮类化合物，因此花色苷属于类黄酮类化合物。自然条件下游离的花青素极少，在植物中主要以糖苷的形式存在，花青素常与一个或多个葡萄糖、鼠李糖、半乳糖、木糖、阿拉伯糖等通过糖苷键形成花色苷（anthocyanins）。花色苷中的糖苷基还可与一个或多个分子的有机酸（主要有丙二酸、安息香酸、桂皮酸、咖啡酸、葡萄糖酸等）通过酯键形成酰基化的花色苷。

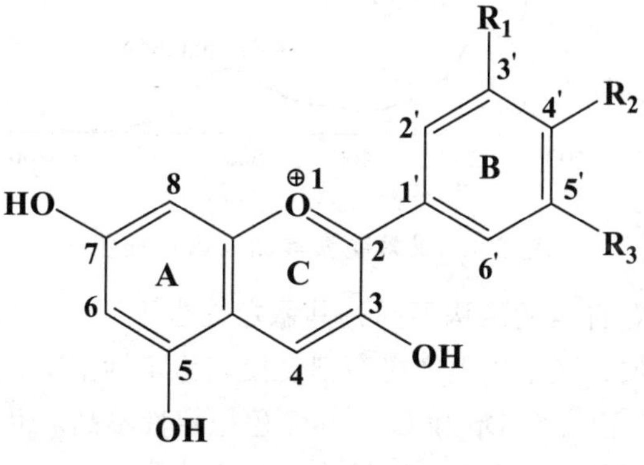

大多数花青素的 A 环 3-，5-，7-碳位上由羟基取代，而 B 环 R_1（3′）、R_2（4′）、R_3（5′）碳位上取代基不同（羟基或甲氧基），形成了各种各样的花青素。自然界已知的花青素有 22 大类，300 多种。常见的有 6 种，分别为矢车菊色素、天竺葵色素、飞

燕草色素、芍药色素、牵牛色素和锦葵色素（见表3-1）。

表 3-1　不同花青素的取代基和颜色

花青素	缩写	R_1	R_2	R_3	主要水果	颜色（pH<7）
飞燕草/花翠色素/Delphinidin	Dp	OH	OH	OH	石榴、茄子	蓝紫
矢车菊/花色苷色素/Cyanidin	Cy	OH	OH	H	桑葚、树莓	紫红/橙红
天竺葵色素/Pelargonidin	Pg	H	OH	H	草莓	橙红
芍药色素/Peonidin	Pn	OCH_3	OH	H	樱桃	玫瑰红/深红
牵牛花色素/Petunidin	Pt	OCH_3	OH	OH	葡萄皮	蓝紫
锦葵色素/Malvidin	Mv	OCH_3	OH	OCH_3	葡萄皮	蓝紫

3.1.2　花青素的稳定性

花青素的稳定性受到 pH、温度、光照、金属离子、水解酶、辅色素以及自身的分子结构等多种因素的影响。

（1）pH 值：花青素易溶于水和乙醇、甲醇等醇类化合物，在 pH 小于或等于 3 的酸性条件下稳定；相同 pH 值下，储于醇中更稳定。不溶于乙醚、氯仿等有机溶剂，遇醋酸铅试剂会产生沉淀，并能被活性炭吸附，其颜色随 pH 值的变化而变化，pH<7 时呈红色，pH 在 7~8 时呈紫色，pH>11 时呈蓝色。植物花青素多采用酸性的甲醇、乙醇、水等极性溶剂提取。深色花青素有两个吸收波长范围，一个在可见光区，波长为 465~560 nm，另一个在紫外光区，波长为 270~280 nm，如图 3-1。

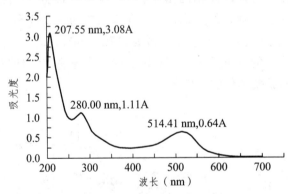

图 3-1　桑葚花青素的光谱扫描图

（2）分子结构：花青素的结构不同，其稳定性也不同。一般情况下，甲基化程度提高可使其稳定性增加，羟基化程度提高则会使其稳定性下降，因此，富含 Pt 和 Mv 颜色会相对较为稳定，而富含 Dp 和 Cy，其颜色稳定性不高。也有研究认为 Pg 由于羟基个数最少，又无甲氧基，其在中性环境中，最为稳定。

（3）糖基作用：花青素可与不同数量的糖基成苷，糖基的个数 1~3 个不等，通常连在 C3 和 C5 位上，很少连在 C7 位上，可形成支链或直链结构。这些相连的糖基化的糖苷包括葡萄糖（glucose）、半乳糖（galactose）、阿拉伯糖（arabopyranose）、木糖（xylose）、鼠李糖（rhamnose）及由这些单糖构成的均一或不均一的二糖（disaccharides），如芸香糖（rutinose）和槐糖（sophorose）等；三糖（trisaccharide）有 2G-木糖苷芸香糖（2G-xylosylrutinose）和葡萄糖苷芸香糖（glycosylrutinose）等。花青素-3-葡萄糖苷（anthocyanidin-3-glucoside）是在植物组织中检测到的第 1 种稳定的花色苷类有色中间产物。花青素的糖基化，特别是 3-O-糖基化，是花青素进一步修饰（如第 2 次糖基化、酰基化和甲氧基化等）的前提，这些修饰有助于花色苷的稳定性，还可能通过分子间和分子内堆积影响花青素的颜色变化。花青素糖基化的结果之一是通过外部糖基和周围水分子形成氢键（hydrogenbond）而增加花青素的水溶性和稳定性。如矢车菊-3-芸香糖苷（cyanidin-3-rutinose，Cy-3-rut）在室温、pH=2.8 的条件下半衰期约为 65 天，而对应的矢车菊素半衰期只有 12 h。常见决定花青素稳定性的糖基由高到低为：葡萄糖>半乳糖>阿拉伯糖。树莓中主要花色苷种类为矢车菊-3-O-葡萄糖苷和矢车菊-3-O-芸香糖苷。

3.1.3 花色苷的功效

1. 抗氧化作用和抑菌作用

花色苷是目前所知最有效的天然自由基清除剂之一，其清除自由基的能力明显强于 Vc 和 Ve。花色苷通过以下几个方面减少体内自由基的产生：第一，防止与过氧根离子反应；第二，螯合体内一些特殊的金属离子以防止产生羟基自由基；第三，抑制脂质过氧化反应，如丙二醛的产生，比其他两种天然抗氧化剂白藜芦醇和抗坏血酸抑制丙二醛的能力显著；第四，它与胶原蛋白作用形成组织的保护屏障，避免其接触外部自由基。黑树莓榨汁和制酒后果渣中花色苷含量分别达到 78.24 mg/100 g 干重和 41.61 mg/100 g 干重，主要的花色苷是矢车菊-3-芸香糖苷。两种果渣还分别含有 2.31 ~ 2.44 g/100 g 干重和 360.95 ~ 379.54 mg/100 g 干重的酚类物质和黄酮类物质，表现出抑制 DNA、蛋白和磷脂的抗氧化损伤效果，具有天然抗氧化剂的开发潜力。

在花色苷的抑菌研究中发现，欧洲蔓越莓提取物可抑制多种人类致病菌的生长，包括革兰氏阴性菌（大肠杆菌和伤寒沙门氏菌）和革兰氏阳性菌（粪肠球菌、单核细胞李斯特菌、金黄色葡萄球菌和枯草芽孢杆菌）。一般情况下革兰氏阳性细菌（G+菌）通常比革兰氏阴性细菌（G-菌）更容易受到花色苷的影响。抑菌机制主要包括花色苷与细菌细胞膜和细胞内的相互作用。当然，浆果和其他含有花色苷的水果，除了含有花色苷，还含有具有抗菌活性的有机酸、酚酸等多种化合物，抗菌活性可能由多种机制和协同作用引起，因此，必须对这些混合物的抗菌效果进行统一评价。

2. 改善视力功能

联合国粮食及农业组织将富含花色苷的蓝莓列为"人类五种健康食品之一"，蓝莓还被称为"飞行员的早餐"。蓝莓在改善视力方面有很好的效果。亚裔的近视人口数远远高于欧美，可能与美国人日均摄入花色苷 180～215 mg 有关（100 g 草莓、树莓或蓝莓相当于 500 mg 花色苷）。让近视青少年组口服一定量花色苷，一个月后，发现青少年的视力显著改善。从 3 种浆果（蓝莓、黑莓和草莓）中分离出的芍药-3-葡萄糖苷（Pn-3-glu）、矢车菊-3-葡萄糖苷（Cy-3-glu）、飞燕草-3-葡萄糖苷（Dp-3-glu）和锦葵-3-葡萄糖苷（Mv-3-glu）4 种不同的花色苷，对人视网膜色素上皮细胞可见光损伤的保护研究中发现，Cy-3-glu 表现出最高的活性氧抑制能力，Cy-3-glu 和 Mv-3-glu 显示出更好的抑制血管内皮生长因子水平，Cy-3-glu 和天竺葵-3-葡萄糖苷（Pg-3-glu）显著地抑制了细胞老化过程中 β-半乳糖苷酶的增加，说明不同花色苷在改善视力方面存在结构上的差异。

3. 抗癌作用

癌症是人类健康的"第二杀手"，但是目前治疗癌症的手段主要靠手术和理化方法，患者在接受理化治疗时会出现很多的不良反应。因此，开发新的天然无毒副作用抗癌药物已成为医学界的一个主要问题。最近的研究显示，黑树莓花色苷可以调节肠道共生菌群的组成、炎症的变化以及与癌症相关基因 *SFRP2* 的甲基化水平。microRNA 通过触发靶 mRNA 的降解和/或通过抑制其翻译来调节蛋白质的表达，通过 microRNA 阵列差异分析黑树莓花色苷对结肠癌的影响，结果显示，花色苷增强了 miR-24-1-5p 的表达，显著抑制了驱动直肠癌 β-连环蛋白的表达，同时降低了癌细胞的增殖、迁移和存活，研究表明黑树莓花色苷在结肠癌的化学预防中起重要作用。另外，紫薯花色苷能抑制宫颈癌细胞和肝癌 HepG2 细胞增殖；花色苷粗提物也可以抑制肺癌细胞的入侵与扩散；矢车菊-3-葡萄糖苷单体具有抑制大鼠主动脉血管平滑肌细胞肿瘤坏死因子迁移的作用，这些表明花色苷具有较高的抗癌价值。

4. 预防和治疗其他疾病

实验表明，富含花色苷的蓝莓、黑莓饮料在模拟脂肪细胞和巨噬细胞病理相互作用的炎症体外模型中，表现出抑制肿瘤坏死因子和抑制脂肪细胞积累等有利于肥胖控制的特点，饮料中的花色苷可以作为炎症相关肥胖反应的潜在抑制剂和脂肪细胞胰岛素信号转导的致敏剂。其他实验研究了六种含有不同类型花色苷的浆果包括黑莓（单糖基化矢车菊素）、黑覆盆子（酰基化单糖基矢车菊素）、黑醋栗（单糖基化和双糖基化矢车菊和飞燕草素）、马奎浆果（双糖基化飞燕草素）、葡萄（酰基化单糖基飞燕草素和芍药素）和蓝莓（单糖基飞燕草素、锦葵素和芍药素）对多基因肥胖小鼠模型中多种代谢因素的影响，结果显示，浆果的摄入导致了胃肠道细菌群落向专性厌氧菌转变，这与肠道管腔中氧气和氧化胁迫的减少有关；另外，飞燕草素（Dp）和芍药素（Pn）和在肠道中的的结构变化和代谢差异显著，显示出不同的生物学活性。这些研究表明，花色苷有助于预防肥胖、糖尿病、具有氧化应激的保护作用和肠道菌群改善，可作为辅助成分加入功能食品中。

3.2　树莓果渣中花色苷的提取工艺

水果在成熟过程中，呼吸速率出现先降低后突然升高然后又下降的现象，这种呼吸现象被称为呼吸跃变（respiratory climacteric）。根据水果是否具有呼吸跃变，可将水果分为跃变型水果和非跃变型水果。树莓鲜果和橙、凤梨、葡萄、草莓、柠檬等水果一样属于非跃变型水果，它们没有淀粉和脂肪之类的复杂储藏物质，不存在储藏物质强烈水解，呼吸增强，采后成熟的情况，非跃变型水果的成熟相对缓慢。树莓果实在缓慢的成熟过程中经历了如下过程：还原糖、蔗糖、脂肪族和芳香族的脂类化合物迅速增加；柠檬酸、酒石酸和苹果酸等有机酸，产生涩味的鞣质（鞣花酸和原花青素的高聚物），果皮和果肉中的叶绿素的含量均减少；果肉细胞壁中层的果胶质变为可溶性果胶，果肉细胞相互分离。黑莓和黑树莓在成熟过程中颜色有明显的"绿-红-黑"变化过程（红树莓果实因品种不同主要为"绿-白-红"和"绿-红"两类），最终树莓变得又香又甜又软又大又鲜亮。

树莓果实的成熟是个缓慢的过程，但是其衰老却非常快速。果实呼吸速率快，蛋白质和糖类快速减少，果皮薄、果实软，不耐采、不耐压，极易腐烂和霉变。成熟的树莓含水量超过 85%，出汁率在 60~70%，果渣中 85~90% 是树莓籽和少量果皮、果肉和树莓籽。

对四个红树莓品种的果汁、果渣 I（有种子）、果渣 II（无种子）中的多酚进行了系统研究，发现果实中最主要的多酚物质为单宁和花色苷，平均占比可分别达到 64.2% 和 17.1%。果汁中的花色苷约占总酚的 65.1%，标志性单宁 lambertianin C（L，$[m/z]^-$：1401）和 sanguiin H-6（S，$[m/z]^-$：934）的比值 L/S 为 0.2。果渣和无种子果渣中 L/S 的比值分别为 1.67 和 1.85，表明果汁中的主要多酚为花色苷和小分子量单宁，而果渣中主要多酚是大分子量单宁和大约 5% 左右的花色苷。本节试图利用酸性乙醇法提取树莓果渣中的多酚和花色苷，以提高树莓的综合利用度。

3.2.1　树莓果渣中花色苷的最大吸收波长

对树莓果渣提取液进行紫外–可见全波段光谱扫描，由图 3-2 可见，在 277 nm 和 511 nm 波长处分别有两个强吸收峰，这与颜色较深的花色苷在紫外光区 270~280 nm 和可见光区 465~550 nm（特别是 520 nm 左右）波长处分别有两个特征吸收峰的报道相符。由此确定树莓果渣提取液含花色苷成分，并且在可见光区的最大吸收波长为 514 nm，适用于通过矢车菊素的消光系数进行 pH 示差法测定花色苷的含量。

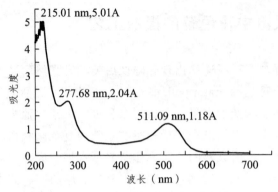

图 3-2　树莓果渣花色苷的光谱扫描图

3.2.2　树莓果渣中花色苷提取的单因素实验设计和结果分析

以 10±0.02 g 树莓果渣, 浸泡于 pH 值为 2.0, 20 mL 50% 乙醇提取液中, 在 150 W、60 ℃ 超声提取 30 min 为工艺基础, 分别研究料液比 (1∶30、1∶40、1∶50、1∶60、1∶70 g/mL)、提取液 pH (2.0、3.0、4.0、5.0、6.0)、乙醇浓度 (40%、50%、60%、70%、80%)、超声时间 (0、15、30、45、60 min)、超声温度 (30、40、50、60、70 ℃) 和超声功率 (0、100、150、200、250 W) 六个单因素条件对树莓花色苷提取率的影响, 重复三次。花色苷含量通过 pH 示差法进行的计算, 得提取液结果见图 3-3。

在设定的单因素条件下, 花色苷提取率均呈现先升高再降低的趋势, 其中, 提取率最大值的对应条件分别为: 料液比 1∶50 g/mL (图 3-3 (a)), 提取液 pH 3.0 (图 3-3 (b)), 乙醇浓度 60% (图 3-3 (c)), 超声功率 150 W (图略), 超声温度 50 ℃ (图略), 超声时间 30 min (图略)。在不同单因素条件下, 对果渣花色苷提取率影响较大的是料液比、提取液 pH 和乙醇浓度, 而超声时间、提取温度和超声功率影响较小。一方面提取体系温度会随着提取时间延长和超声功率加大而快速加温, 70 ℃ 以上的高温对花色苷的活性影响较大; 另一方面高功率、长时间和高温都会增加能耗以及对提取设备的要求, 因此选择乙醇浓度、料液比和 pH 作为主效因素, 进行下一步响应面实验设计。

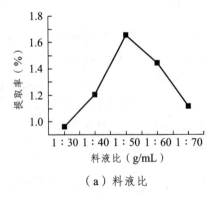

（a）料液比

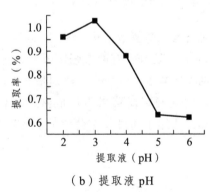

（b）提取液 pH

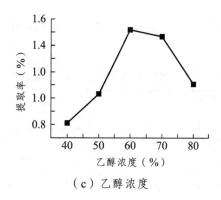

（c）乙醇浓度

图 3-3 三种提取参数对树莓花色苷提取率的影响

3.2.3 响应面法实验设计及结果

根据 Box-Behnken 的统计设计原理，选择料液比、提取液 pH、乙醇浓度，进行三因素三水平实验设计。超声功率为 150 W，超声时间 30 min，起始温度为 50 ℃。实验方法和结果见表 3-2。

表 3-2 响应面数据方案和实验结果

序号	因 素			提取率（%）
	液料比（mL/g）	提取液 pH	乙醇浓度（%）	
1	60	3	70	1.06
2	50	3	60	1.79
3	50	3	60	1.80
4	50	4	70	1.43
5	50	2	50	1.55
6	50	3	60	1.78
7	40	2	60	1.01
8	50	2	70	1.07
9	40	3	50	1.25
10	60	2	60	0.64
11	50	4	50	1.37
12	60	3	50	1.03
13	40	3	70	1.27
14	60	4	60	0.83
15	50	3	60	1.79
16	40	4	60	1.39
17	50	3	60	1.79

3 树莓果渣中花色苷的提取、纯化和活性研究

采用 Design-Expert 8.0 软件对实验数据进行多元回归拟合，并对该模型进行方差分析及显著性检验，结果见表 3-3。

表 3-3　响应面二次回归方程方差分析

方差来源	平方和 SS	自由度 DF	均方 MS	F	P	显著性
模型	2.11	9	0.23	21.15	0.0003	**
A—料液比	0.23	1	0.23	21.19	0.0025	**
B—提取液 pH	0.071	1	0.071	6.43	0.0389	*
C—乙醇浓度	0.016	1	0.016	1.45	0.2669	
AB	0.009	1	0.009	0.83	0.3919	
AC	9.00E-06	1	9.00E-06	0.001	0.9781	
BC	0.075	1	0.075	6.80	0.0350	*
A^2	1.1	1	1.1	99.05	< 0.0001	**
B^2	0.41	1	0.41	36.81	0.0005	**
C^2	0.065	1	0.065	5.86	0.0461	*
失拟项	0.077	3	0.026	464.20	< 0.0001	
纯误差	2.22E-04	4	5.55E-05			
总差	2.19	16				

注："*"表示差异显著，$P < 0.05$；"**"表示差异极显著，$P < 0.01$。

从方差分析结果（表 3-3）可以看出：该模型的显著水平为 0.0003（小于 0.05），说明该回归方差模型是显著的。响应值与 A、A^2、B^2 相关性极显著，与 B、BC、C^2 相关显著，该模型的相关系数 R^2 为 0.9645，因变量与自变量之间线性关系显著。说明该回归方程对实验拟合情况良好，可用模型代替实验真实点对实验结果进行分析。

根据上述回归方程绘制响应面图，考察所拟合的响应曲面的形状，分析各因素相互作用对花色苷提取的影响，结果如图 3-4 所示。对比图 3-3 可知，树莓花色苷的提取率均随提取条件值的增加呈现先增加后减少的趋势，并且响应曲面的坡度越陡峭，说明交互作用越显著。可以看出，图 3-4（a）~（c）的曲线最陡峭，图 3-4（a）和（b）的曲线均次之，故提取液 pH 和乙醇浓度的交互作用最显著，图形分析结果与方差分析结果一致。

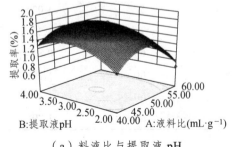

（a）料液比与提取液 pH

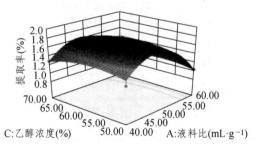

（b）料液比与乙醇浓度

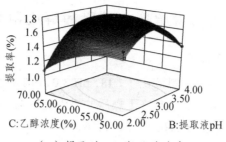

（c）提取液 pH 与乙醇浓度

图 3-4 影响树莓花色苷提取率的各参数三维响应面图

3.2.4 小结

基于温度 60 °C、提取时间为 30 min、超声功率 150 W 的条件，通过回归模型分析，得出树莓果渣花色苷的最佳提取工艺参数为料液比 1：48.98 g/mL、提取液 pH 3.10、乙醇浓度 60.07%，预测花色苷提取率最大为 1.81%。

实际操作工艺为料液比 1：50 g/mL、提取液 pH 3.0、乙醇浓度 60%，果渣花色苷青素提取率为 1.76%，与理论值接近。

3.3 树莓果渣中花色苷的纯化工艺

通过上一节的超声醇提法，将树莓果渣中花色苷进行提取、浓缩和干燥，结果发现花色苷的含量仅为 1%～2%，果渣中含有大量果糖影响提取物干燥成粉，所得的提取浸膏受微生物污染的风险加大，也影响花色苷粗提物在糖尿病人中的使用，总之不易于回收保存和利用。参考以苯乙烯为树脂骨架的常用大孔树脂的基本性能参数（表 3-4），选择 AB-8 为纯化树脂对花色苷进一步纯化。

表 3-4 常用大孔树脂统计表

型号	极性	比表面积（m²/g）	平均孔径（Å）	应用及实例
D101	非极性	500～550	90～100	黄酮、多酚、花色苷等
AB-8	弱极性	480～520	130～140	黄酮、多酚、花色苷等
HP-20	非极性	500～600	290～300	葛根黄酮、酚、苷等
X-5	非极性	500～600	290～300	抗生素、色素分离
H-103	非极性	1000～1100	85～95	抗生素提取分离，去除酚类、氯化物、农药等。
S-8	极性	100～120	280～300	抗生素、中草药提取分离、血浆分离净化
NKA-Ⅱ	极性	160～200	145～155	酚类、有机物去除
NKA-9	极性	250～290	155～165	胆红素去除、生物碱、茶多酚、绿原酸等

3.3.1 AB-8 型大孔树脂静态吸附和解吸附研究

1. 吸附和解吸附动力曲线

在功率 150 W，温度 60 ℃，料液比 1：48，pH 3.0，60%乙醇的条件下超声 30 min，花色苷粗提液旋转蒸发浓缩除醇，冷冻干燥后的果渣提取物 I 花色苷含量为 0.316%。

以 AB-8 作为纯化树脂，分别在 1、2、4、6、8、10、12、24 h 时间点上检测大孔树脂吸附率（%）和解吸附率（%），结果如下图 3-5 所示。吸附率在 4 h 后缓慢上升，12 h 达到饱和，4 h 的吸附率约为饱和吸附的 89%；在 60%的乙醇洗脱条件下解吸附率在 2 h 后达到饱和，2 h 处为饱和解吸附的 96%，兼顾考虑时间效率、提取物稳定性、污染引入小等因素，在静态环境中，4 h 吸附和 2 h 解吸附能达到初步纯化的效果。

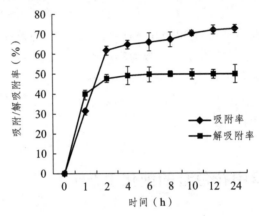

图 3-5　AB-8 型大孔树脂对树莓花色苷的吸附率和解吸率

2. 洗脱剂中乙醇的浓度对解吸效果的影响

由图 3-6 可知，乙醇浓度分别为 15%、25%、35%、45%、55%的洗脱剂的解吸率分别为 16.57%、33.76%、40.63%、55.71%、55.71%，其中浓度为 45%和 55%的洗脱剂，解析效果最好，达到了 55.71%，所以选用乙醇浓度为 45%的酸性乙醇水溶液为洗脱剂。

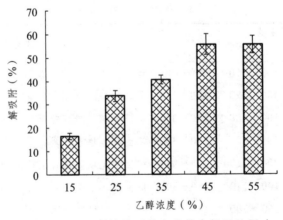

图 3-6　不同乙醇浓度对花色苷静态解吸的影响

3.3.2　大孔树脂动态吸附和解吸附研究

分别取 40 g 预处理过的大孔树脂，湿法装柱，树脂的柱体积（BV）约为 20 mL（r=1.5 cm 柱高 15 cm），旋转蒸发浓缩后的样液，其花色苷含量为 0.25 ~ 0.40 mg/mL 之间，将原液和稀释 1 倍、2 倍、3 倍、4 倍和 10 倍样液后分别上柱吸附，在 510 nm 左右的 OD 值分别为 2.07、1.24×2、0.54×3、0.42×4、0.16×10，原液和稀释一倍的吸附效果最好，分别为 2.07 和 2.48，所以可将上柱样液适当控制在含花色苷 0.20 mg/mL 左右的浓度（图略）。

1. 水洗吸附柱

水洗吸附柱是吸附样品纯化的关键一步，筛选四种不同类型的水作为洗脱剂（表 3-5），并以可溶性糖含量为指标，跟踪适合的洗脱体积。从某公司提供的纳米水中选择了其中两种，在相同 pH 值下，酸性去离子水的电导率为酸性纳米水的 10 倍以上，而中性去离子水则为中性纳米水的 1/5。

表 3-5　不同水的特性

编号	水	pH 值	电导率（μs/cm）	来源
1#	去离子水	7.0	4.7	实验室自制
2#	酸性去离子水	3.0	963.1	实验室 HCl 调制
3#	中性纳米水（1∶20, v/v）	7.0	21.6	某公司
4#	酸性纳米水（1∶20, v/v）	3.0	79.5	某公司

采用蒽酮法测定样品中可溶性糖的含量，上样液的可溶性糖含量为 2 187.734±142.949 mg，分别测定四种水，2.5 个柱体积（BV）下可溶性糖含量，结果见表 3-6。4 种水洗的差异总体不大，2.5 个 BV 后总糖洗脱率为 80% 以上，酸水条件下接近 90%，但是去离子水和纳米水的差异不大；第 2.5 个 BV 的含糖量约为原液的 1/100，考虑到时间和物料成本，选择 2 个 BV 为洗脱体积，酸性去离子水为洗脱水。

表 3-6　四种水洗脱液中糖含量变化

洗脱体积（BV）	糖含量（mg）			
	1#	2#	3#	4#
0.5	448.094±13.673	331.263±40.606	418.221±3.481	354.233±75.411
1.0	442.838±74.955	454.317±161.264	540.456±9.281	501.899±140.381
1.5	632.676±78.311	615.929±46.407	581.697±105.658	495.336±15.082
2.0	309.939±1.119	151.603±11.602	256.516±0.000	218.053±56.848
2.5	27.377±1.326	12.845±7.955	20.322±2.486	11.204±1.657
总除糖率（%）	85.06%	89.12%	83.06%	89.96%

2. 洗脱流速对花色苷解吸效果的影响

将酸性水冲洗吸附柱 2 个 BV 以后，以 pH 3.0 的 45% 的酸性乙醇解吸附，分别以 2 BV/h、3 BV/h、4 BV/h、5 BV/h、6 BV/h 的流速洗脱，根据红色花色苷在色谱柱中的移动位置，可以判断第四个 BV 为主要富集液。将此收集液稀释 10 倍后采用全波长扫描，得到的结果如下图 3-7 所示。

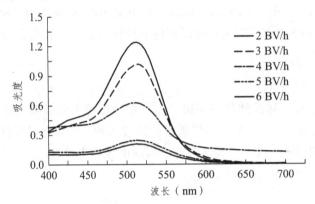

图 3-7　不同洗脱流速下洗脱液的全波长扫描图

结果显示：513 nm 处 2 BV/h、3 BV/h、4 BV/h、5 BV/h、6 BV/h 的 OD 值分别为 0.71、0.60、0.35、0.24 和 0.21，说明流速越快洗脱效果越差，但是流速太慢，影响工作效率，因此选择 3 BV/h 作为最佳流速。

3.3.3　纯化前后提取物指标鉴定

纯化之前的提取液冷冻干燥之后，由于含糖量较高，所以干燥样品外观为鲜红色的膏状物（图 3-8（a）），很难从培养皿中取出；经过 AB-8 型大孔树脂纯化之后的样品，经过冷冻干燥之后，可溶性糖含量减少，样品为粉红色的粉状物（图 3-8（b）），能从培养皿上轻易地取出。

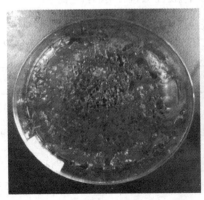 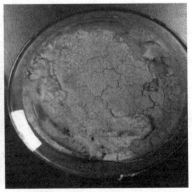

（a）纯化前（渣提取物Ⅰ）　　　　（b）纯化后（渣提取物Ⅱ）

图 3-8　果渣提取物

经过大孔树脂的纯化后，样品中花色苷、总酚、总黄酮都有超过 10 倍的增加，总蛋白和超氧化物歧化酶（SOD）的变化不大，说明树脂 AB-8 能有效富集酚类化合物，但是特异性不强。遗憾的是，纯化后的花色苷含量仅为 7.5%，远低于市售的蓝莓提取物、紫薯提取物中花色苷含量，后两者花色苷含量液相紫外（UV）检测超过 25%，这个可能与物种和精细的提取工艺有关，还需要继续摸索，以获取花色苷含量更高的树莓果渣提取物。纯化前后提取物各项指标见表 3-8。

表 3-8　纯化前后提取物各指标

各项指标	纯化前（渣提取物 I）	纯化后（渣提取物 II）	增加倍数
花色苷含量	0.3%	7.5%	24
色价	1.5	12.8	8.5
总酚含量	2.2%	34.5%	15.7
总黄酮含量	2.1%	31.2%	14.9
可溶性糖	55.1%	21.1%	-0.6
产品外观	鲜红色膏状物	粉红色粉末	

3.3.4　小结

本节采用辅助超声酸性乙醇法提取树莓果渣中的花色苷，旋转蒸发浓缩得到所需的浓缩液。采用 AB-8 型大孔树脂，通过静态实验和动态实验确定了纯化树莓果渣中花色苷的工艺条件。

静态吸附实验结果表明：AB-8 型大孔树脂吸附花色苷 4 h 之后，树脂吸附量达到饱和吸附量的 89%，即接近吸附平衡；静态解吸经过 2 h 之后，解吸效果达到洗脱平衡的 96%，即接近洗脱平衡；洗脱效果最佳的洗脱液为乙醇浓度 45% 的酸性乙醇水溶液。

动态吸附实验结果表明：纯化树莓花色苷的最佳上样浓度为稀释 1 倍（或花色苷浓度 0.20 mg/mL）之后的浓缩液，吸附至流出液为上样液浓度的 1/10～1/20，终止吸附，流速为 3 BV/h，采用 pH 3.0 的酸性去离子水的用量为 2 BV，除糖率可达 90%，洗脱最佳流速为 3 BV/h。

吸附纯化前后的树莓果渣提取液经旋转蒸发浓缩，冷冻干燥之后，纯化前的膏状物（果渣提取物 I）花色苷含量为 0.3%；纯化之后的样品为粉红色的粉末（果渣提取物 II），其花色苷含量为 7.5%，是纯化前的 24 倍。

4 树莓籽油的提取和成分分析

4.1 树莓籽的研究概况

树莓籽的萌发率很低，一般不用作播种材料，但树莓籽油却是一种稀有的芳香油，与其他某些著名芳香油如鳄梨油、葡萄籽油和小麦胚芽油相比，优点更多，在加拿大的售价约为 52 美元/L。随着树莓果汁、果酱和果酒利用后产生大量树莓籽，作为加工副产物尚未得到有效利用。树莓籽中含油量占干重的 15%~23%，出油率为 10%左右。

4.1.1 树莓籽油的研究

1. 树莓籽油的成分

树莓籽油的得率因提取方式、品种的不同大约在 10~18%。树莓籽油中主要的不饱和脂肪酸（unsaturated fatty acid，UFA）包括多不饱和脂肪酸（poly unsaturated fatty acid，PUFA）如亚油酸和亚麻酸，以及单不饱和脂肪酸（monounsaturated fatty acid，MUFA）如油酸；饱和脂肪酸（saturated fatty acid，SFA）有棕榈酸。

①亚油酸 50%以上（C18：2，ω-6），明显高于花生油（22.0%）、菜籽油（14.2%）及杏仁油（42.3%）和扁核木油（38.06%）。ω-6 脂肪酸对降低总胆固醇（TC）和低密度脂蛋白（LDL）有显著效果，对扩张血管和抗血栓有积极作用。

②亚麻酸约 25%（C18：3，ω-3），ω-3 脂肪酸在体内可被转化成一些可以抗血小板凝聚、舒张血管、改善大脑功能、减轻炎症反应及避免细胞损伤物质，ω-3 脂肪酸与ω6 脂肪酸比例严重失调会导致细胞功能紊乱，引发心脏病、糖尿病、癌症、脑功能减退和关节炎等各种疾病。树莓籽油 ω-6/ω-3 的脂肪酸比值是 1.8：1，与草莓籽油（1.5：1）、沙棘籽油（2.0：1）和蓝莓籽油（1.5：1）相似，明显低于生活中常用的大豆油（约 10：1）和花生油（>25：1）。目前人类日常饮食中 ω-6/ω-3 脂肪酸比例过高并呈现逐年上升趋势，2000 年为 10：1~20：1，2003 年为 10：1~30：1。多个机构对膳食中 ω-6/ω-3 脂肪酸的均衡比例提出了建议：联合国粮农组织建议比例为 5：1~10：1，我国营养学会推荐比例为 4：1~6：1。树莓籽油的摄入或调配有助于改善我国居民膳食中过高的 ω-6/ω-3 脂肪酸比例，调整 ω-6/ω-3 脂肪酸比例在合适的范围内。

③油酸 10%左右（C18：1，ω-9），树莓籽油的 PUFA/SFA 比值高达 20 以上，而且随着 PUFA/SFA 比值的增大，降血脂的作用就越明显。以上三种脂肪酸都属于不饱和脂肪酸，在树莓籽油中的总量超过 95%，远远高于大豆（77.0%）、花生（77.0%）、

牛油（49.6%）和猪油（59.6%），与杏仁油（96.1%）相当。

④棕榈酸(C16：0)属饱和脂肪酸，约占2%，远低于大豆（23.0%）、花生油（20.0%）、牛油（45.1%）和猪油（40.0%）。多种油脂的主要脂肪酸比较见表4-1。

2. 树莓籽油的健康功效

将黑树莓籽油（*R. occidentalis*）分别配入高脂饮食（HFD）诱导的肥胖小鼠和糖尿病小鼠（*db/db* mice）的食物中（肥胖组ω6/ω3分别为15.6：1和3.43：1；糖尿病组ω6/ω3分别为7.87：1、2.78：1和1.64：1），结果发现，黑树莓籽油可通过抑制HFD诱导的肥胖小鼠和*db/db*小鼠的脂肪生成和促进脂肪酸氧化来改善脂质代谢，有利于小鼠体重控制和减肥。在大鼠研究中也显示树莓籽油的摄入可改善血脂和肝功能，降低全身性炎症。人类肝癌细胞株HepG2的体外研究表明，红树莓籽油（*R. coreanus* Miq.）可以通过抑制细胞中ERK和JNK磷酸化，提高抗氧化酶的活性，使肝脏免受氧化应激，起到保肝作用。将菜籽油、树莓籽油和草莓籽油比较研究发现，尽管菜籽油的ω6/ω3也仅仅为2.0～3.0：1，但是树莓和草莓籽油在降低氧化应激方面更有优势，可被视为特殊的生物油。

表 4-1　多种植物油的主要脂肪酸比较

名称	出油率（%）	棕榈酸（软脂酸）（%）C16：0	硬脂酸（%）C18：0	油酸（%）C18：1，ω-9	亚油酸（%）C18：2，ω-6	亚麻酸（%）C18：3，ω-3	比值ω-6/ω-3
樱桃籽油		6.4	1.9	37.8	29.73	0.9	33.0
紫苏籽油	33～48	6.1	1.7	13.9	13.2	59.7	0.2
树莓籽油	8～15	2.3	Nd	10.9	50.8	27.6	1.8
草莓籽油	10～18	4.3	3.2	11.4	48.4	31.6	1.5
沙棘籽油	5-12	31.7	0.1	21.3	3.4	1.1	2.0
茶籽油	25～35	8.36	0.93	20.18	16.22	53.06	0.3
麻疯树籽油（种仁）	35～45	12～18	0.1	42～48	35～42	Nd	>50
黑莓籽油		3.3	1.6	14.4	63.4	16.5	3.8
黑树莓籽油	8～15	2.0	0.6	9.7	53.4	33.7	1.6
蓝莓籽油		5.2	1.3	22.2	41.9	28.1	1.5
花生油	40～55	11.52	7.39	42.81	35.78	Nd	>50
玉米油		6.46	8.04	31.02	52.51	0.64	>50
葵花籽油	45～55	3.27	7.56	23.53	62.45	0.37	>50
大豆油	10～20	9.74	5.21	21.09	55.19	6.25	8.8
油菜籽油	35～45	2.7	1.7	15.8	13.2	5.6	2.4
棉籽油		19.4	3.9	20.9	51.4	Nd	>50

注：Nd-低于检出限。植物油的脂肪酸组成因多种因素存在差异，此处仅依据部分资料总结参考。

3. 树莓籽油的美容功效

树莓籽油因其合理的脂肪酸配比，不仅有利于身体健康，还是潜在的化妆品用油之一。低温高压榨油机制备的树莓籽油的防晒系数（sun protection factor，SPF）为13，向多泡乳液中添加0.5%~1%（W/W）的红树莓籽油，对改善和护理皮肤能够起到一定作用，而向润肤剂中添加7%的红树莓籽油，能够减少眼睛周围的浮肿，滋养皮肤，减少眼睛周边的皱纹和裂纹。树莓籽油与低剂量有机合成防晒剂丁基甲氧基二苯甲酰甲烷和辛可利基制备成纳米脂质载体，这个体系中仅仅需要3.5%防晒剂和10.5%树莓籽油，就能能达到91%的UV-A和93%的UV-B反射效果，大大降低了合成防晒剂的用量，减低了环境压力。

但是，超声辅助乙醇提取法（UAE-Et）、超声辅助石油醚提取法（UAE-PE）和索氏石油醚提取法（SE-PE）三种方法提取的红树莓籽油的 ω-6/ω-3 脂肪酸比例在 1.5~1.8，这比它的近源种黑莓籽的 3.8 的比值小（见表4-1），在改善 ω-6/ω-3 脂肪酸比例中更有效。因此，红树莓籽油与葵花籽油（84.49%）、红花籽油（87.10%）和葡萄籽油（86.84%）中不饱和脂肪酸含量相似。

4.1.2　树莓籽中的其他活性成分

除了脂肪酸以外，树莓籽中还含有原花青素、没食子酸、鞣花酸、Q3R、Q3G 和皂苷等多种活性成分，且树莓籽油中维生素 E 含量较高，是红花籽油和葡萄籽油的近六倍。从树莓酒生产中遗留下来的黑树莓籽提取物（R. coreanus seed extract，RCS）被发现对甲型和乙型流感病毒具有抗病毒活性。用液相色谱-串联质谱法从 RCS 中鉴定到一种高浓度多酚（没食子酸），它对 A 型和 B 型流感病毒均有抑制作用。每 100 g 黑树莓果渣提取物（干重）分别含有 78.24 mg 的矢车菊-3-芸香糖苷（Cy-3-rut）、2.31 g 没食子酸当量的总酚、360.95 mg 儿茶素当量的总黄酮，它们都具有较高的抗氧化活性，具有成为天然抗氧化剂的潜力。此外，还从黑莓（Rubus. spp.）籽中分离出粗多糖，通过体外抗凝活性实验和血瘀大鼠模型实验证明其具有抗血栓的作用。树莓（R. ulmifolius）籽提取物可以通过抑制脂多糖诱导的巨噬细胞 RAW 264.7 产生 NO 和 CCL20 趋化因子产生的能力来起到抗炎的作用。

树莓的挥发油中含有芳香烃、醛、酮、酯、单萜、三萜和三萜皂苷等。譬如皂苷（Saponin）是苷元为三萜或螺旋甾烷类化合物的一类糖苷，可分为甾族皂苷和三萜皂苷。使用大孔树脂可从山茶饼提取物中提取茶籽皂苷，含量为 11.80%。茶籽皂苷可以通过抑制胰脂肪酶活性，延迟肠道对膳食脂肪的吸收，来实现高脂饮食小鼠的抗肥胖作用。茅莓皂苷可诱导白血病细胞株 K562 凋亡。研究发现，树莓中各不同器官总皂苷含量平均为 11.30 mg/g，但目前对树莓总皂苷的研究尚不完善。

另外，树莓籽中还含有小分子酚酸、原花色苷、维生素 E、皂苷等活性成分，可被再开发用于食品、化妆品和保健品中，树莓饼粕还可继续用于制备生物质营养钵或活性炭。

4.2　三种方法对树莓籽油提取率和脂肪酸含量的影响

目前植物油的提取方法主要是机械压榨法、水蒸气蒸馏法和有机溶剂萃取法，有机溶剂萃取法又包括索氏提取（Soxhlet extraction，SE）、超声波辅助提取（Ultrasonic-assisted extraction，UAE）和超临界 CO_2 萃取等。研究发现利用超声辅助提取韩国特有树莓籽油（R. coreanus），随提取溶剂（石油醚、正己烷、乙酸乙酯、丙酮、乙醇）不同，提取率在 15 ~ 20% 之间，而籽油的氧自由基清除能力差异巨大，在 5 ~ 75 μmol TE/g 干重之间，其中乙醇提取率最高，其提取籽油具有最高的抗氧化能力，再经过响应面法优化工艺，在 37 min、54 ℃、乙醇和超声辅助提取工艺条件下，籽油提取率为 22.78 ± 0.27%，维生素 E 含量为 15.21 ± 0.59 mg/g 干重，抗氧化能力为 80.94 ± 1.83 μmol TE/g 干重。对比传统索氏提取法则需要在 80 ℃ 下，提取 4 h，得率仅为 18.15 ± 0.33%，V_E 为 13.48 ± 0.47 mg/g 干重，抗氧化能力 55.05 ± 2.46 μmol TE/g 干重，均低于超声乙醇法。

本节选择溶剂法中的超声辅助乙醇提取法（UAE-ethanol，UAE-Et）、超声辅助石油醚提取法（UAE-petrol ether，UAE-PE）和索氏石油醚提取法（SE-petrol ether，SE-PE），研究三种不同提取方式对高产红树莓"来味里"（R. idaeus L. var. Reveille）籽油成分的影响，比较红树莓籽油的提取率、油脂成分、抗氧化活性和皂苷含量的差异，为不同用途的树莓籽油找到最合适的提取方式，为红树莓籽油的进一步开发与利用提供理论基础。

4.2.1　红树莓籽油的三种提取方法

将室温解冻的红树莓果实榨汁匀浆，通过 20 目筛（0.85 mm）筛分得到红树莓籽。流水冲洗至种子完整干净，在 60 ℃ 下烘干至恒重。用研磨机打粉备用。

UAE-Et 选用工艺：5 g 树莓籽粉末置于三角锥形瓶中，加入无水乙醇，采用超声辅助提取法提取树莓籽油。提取条件如下：料液比 1∶30 g/mL，超声功率 250 W，提取时间 30 min，温度 50 ℃，重复提取 2 次。抽滤后合并树莓籽油的提取液，经旋转蒸发仪于 35 ℃ 进行减压蒸馏，除去溶剂。

UAE-PE 选用工艺：5 g 树莓籽粉末置于三角锥形瓶中，加入石油醚，采用超声辅助提取法提取树莓籽油。提取条件如下：料液比 1∶11 g/mL，超声功率 100 W，提取时间 25 min，温度 30 ℃，重复提取 2 次。抽滤后合并树莓籽油的提取液，经旋转蒸发仪于 35 ℃ 进行减压蒸馏，除去溶剂。

SE-PE 选用工艺：脱脂滤纸包裹 5 g 树莓籽粉末置于滤纸架上。量取 50 mL 石油醚倒入抽提杯。先浸提再抽提。提取条件如下：料液比为 1∶10 mg/mL，温度 80 ℃，提取时间 180 min。提取完成，待抽提杯中石油醚全部挥发，除去溶剂。

所有油液经 4 000 rpm 离心 10 分钟取上层清液。籽油提取率（%）= 籽油重量（g）

/种子干重（g）×100%。

4.2.2　三种提取方式的红树莓籽油提取率

三种提取方式的红树莓籽油的提取率如图 4-1 所示，UAE-Et 红树莓籽油的提取率最高，为 18.55%，UAE-PE 提取率为 10.18%，SE-PE 提取率为 13.58%。根据文献中的最佳工艺，UAE-Et、UAE-PE 和 SE-PE 的提取率分别为 23.06%、12.97% 和 15.02%。不同提取方式的提取率与文献结果相似，且趋势相同，均为 UAE-Et > SE-PE > UAE-PE。由此可见，不同提取方法的提取率差异较大。超声辅助提取的操作简单，提取效率高，适合红树莓籽油的提取，但是，乙醇作为溶剂时其他残留物多，油色清亮度不如石油醚的高。

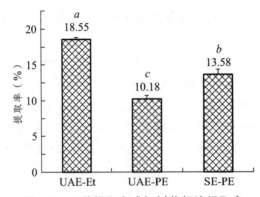

图 4-1　三种提取方式红树莓籽油提取率

利用单因素方差分析进行差异显著性分析，多重比较方法为 Duncan（α = 0.05）法，不同字母 a、b、c 表示差异显著（$P < 0.05$）。

4.2.3　三种红树莓籽油中脂肪酸成分分析

UAE-Et 红树莓籽油的总离子流图如图 4-2 所示。采用峰面积归一化法得出各组分的相对含量，各色谱峰相应的质谱图检索采用 NIST 标准谱库进行检索，并逐个解析各峰相应的质谱图，定性定量结果见表 4-2。由表中可知，不同提取方式得到的红树莓籽油中共鉴定出 32 种物质，占物质总量的 91.99% ~ 96.42%。UAE-Et 籽油鉴定物质种类最多，共 31 种，其中包括 4 种不饱和脂肪酸，占物质总量的 82.71%：亚油酸（57.45%）、亚麻酸（24.78%）、油酸（0.28%）等；7 种饱和脂肪酸，占物质总量的 5.26%，主要为棕榈酸（3.07%）、硬脂酸（0.86%）、花生酸（0.58%）等；20 种其他物质：正二十四烷（0.28%）、正十五烷（0.18%）、二十八烷（0.24%）等烷烃类以及芳樟醇（0.16%）等醇类和 γ-松油烯（0.14%）等萜烯类物质。UAE-Et 红树莓籽油中不饱和脂肪酸含量最少，但含有物质种类最多，且含有萜烯类、酮类、醇类等物质。这可能与溶剂效应、树莓品种和产地等差异有关。

UAE-PE 籽油共鉴定出 27 种物质，其中包括 4 种不饱和脂肪酸，占物质总量的 85.76%：亚油酸（59.12%）、亚麻酸（26.04%）、油酸（0.3%）等；7 种饱和脂肪酸，占物质总量的 5.51%：棕榈酸（2.94%）、硬脂酸（1.34%）、花生酸（0.59%）等；16 种其他物质：二十八烷（0.22%）、正十六烷（0.21%）、正二十烷（0.18%）等烷烃类以及 2-乙基己醇（0.1%）等醇类和 2，2-二甲基己酮（0.14%）等酮类物质。

SE-PE 红树莓籽油共鉴定出 26 种物质，其中包括 4 种不饱和脂肪酸，占物质总量的 88.83%：亚油酸（60.82%）、亚麻酸（27.40%）、油酸（0.36%）等；8 种饱和脂肪酸，占物质总量的 5.45%：棕榈酸（3.19%）、硬脂酸（0.73%）、花生酸（0.66%）等；14 种其他物质：正二十四烷（0.30%）、正十五烷（0.30%）、二十八烷（0.26%）等烷烃类物质。三种提取方法得到的红树莓籽油中物质种类有差异，这可能是由于超声辅助提取法和索氏提取均利用"相似相溶"的原理（不同溶剂的产物略有差异），且索氏提取法温度较高，可能对小分子的物质结构有破坏。

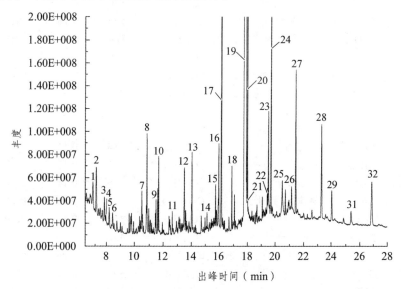

图 4-2　UAE-Et 红树莓籽油的总离子流图（纵坐标轴按 1.6% 的比例显示）

表 4-2　三种提取方式的红树莓籽油的脂肪酸组成和相对含量

序号	出峰时间 min	化合物名称	分子式	分子量	相对含量/%		
					UAE-Et	UAE-PE	SE-PE
饱和脂肪酸（saturated fatty acid，SFA）							
9	11.62	月桂酸甲酯	$C_{13}H_{26}O_2$	214	0.08	0.02	0.1
13	14.05	十三酸甲酯	$C_{14}H_{28}O_2$	228	0.25	0.22	0.21
17	16.13	棕榈酸甲酯	$C_{17}H_{34}O_2$	270	3.07	2.94	3.19
18	16.89	十二烷二酸二甲酯	$C_{14}H_{26}O_4$	258	0.13	0.17	0.14
21	18	硬脂酸甲酯	$C_{19}H_{38}O_2$	298	0.86	1.34	0.73
24	19.68	花生酸甲酯	$C_{21}H_{42}O_2$	326	0.58	0.59	0.66

序号	出峰时间 min	化合物名称	分子式	分子量	相对含量/%		
					UAE-Et	UAE-PE	SE-PE
27	21.46	十七烷酸甲酯	$C_{18}H_{36}O_2$	284	0.29	0.23	0.39
30	24.87	木焦油酸甲酯	$C_{25}H_{50}O_2$	382	Nd	Nd	0.03
不饱和脂肪酸（unsaturated fatty acid，UFA）							
16	15.95	蓖麻油酸	$C_{18}H_{34}O_3$	298	0.2	0.21	0.25
19	17.82	亚油酸甲酯	$C_{19}H_{32}O_2$	292	57.45	59.12	60.82
20	17.9	亚麻酸甲酯	$C_{19}H_{33}O_2$	293	24.78	26.04	27.4
23	19.5	油酸甲酯	$C_{19}H_{36}O_2$	296	0.28	0.3	0.36
其他物质							
1	7.05	3-乙基己烷	C_8H_{18}	114	0.11	0.04	0.12
2	7.28	2，2-二甲基己酮	$C_8H_{16}O$	128	0.2	0.14	Nd
3	7.87	2-乙基己醇	$C_8H_{18}O$	130	0.15	0.1	Nd
4	7.97	γ-松油烯	$C_{10}H_{16}$	136	0.14	Nd	Nd
5	8.01	芳樟醇	$C_{10}H_{18}O$	154	0.16	Nd	Nd
6	8.21	十三烷	$C_{13}H_{28}$	184	0.1	0.06	0.08
7	10.51	十四烷	$C_{14}H_{30}$	198	0.11	0.1	0.14
8	10.86	正十五烷	$C_{15}H_{32}$	212	0.18	0.15	0.3
10	11.69	2，4-二叔丁基酚	$C_{14}H_{22}O$	206	0.22	0.03	Nd
11	13.14	2-甲基十五烷	$C_{16}H_{34}$	226	0.14	0.13	0.08
12	13.51	正十六烷	$C_{16}H_{34}$	226	0.18	0.21	0.2
14	14.71	正十八烷	$C_{18}H_{38}$	254	0.11	0.16	0.08
15	15.72	正二十烷	$C_{20}H_{42}$	282	0.13	0.18	0.09
22	19.42	正二十一烷	$C_{21}H_{44}$	296	0.11	0.11	0.08
25	20.5	单棕榈酸甘油	$C_{19}H_{38}O_4$	330	0.16	0.11	0.18
26	21.16	二十二烷	$C_{22}H_{46}$	310	0.11	0.09	0.1
28	23.28	正二十四烷	$C_{24}H_{50}$	338	0.28	Nd	0.3
29	24.03	二乙二醇单硬脂酸酯	$C_{22}H_{44}O_4$	372	0.08	0.11	0.13
31	25.4	麦角甾醇	$C_{28}H_{44}O$	396	0.11	Nd	Nd
32	26.88	二十八烷	$C_{28}H_{58}$	394	0.24	0.22	0.26
总计					91.99	93.12	96.42
$\sum$SFA					5.26	5.51	5.45
$\sum$USFA					82.71	85.67	88.83
ω-6/ω-3					2.32	2.27	2.22

注：Nd-低于检出限。

4.2.4　三种提取方式的红树莓籽油 DPPH 自由基清除率

三种提取方式得到的红树莓籽油对 DPPH 自由基均有清除作用，见图 4-3。根据清除率曲线，可计算出不同提取方式红树莓籽油的 DPPH 自由基半抑制浓度 IC_{50} 分别为：

UAE-PE IC_{50}（27.43 mg/mL）> SE-PE IC_{50}（5.89 mg/mL）> UAE-Et IC_{50}（4.36 mg/mL）。由此可得，不同提取方式红树莓籽油对 DPPH 自由基清除作用的大小为：UAE-Et > SE-PE > UAE-PE。有研究发现氧化单萜与酚类协同比单独的酚类有更强的抗氧化性，表明酚类可能与氧化单萜有协同作用。UAE-Et 红树莓籽油中含有较多的烯萜类物质，如 γ-松油烯、芳樟醇、麦角甾醇等，因此，含有烯萜类物质的红树莓籽油具有更高的抗氧化活性。

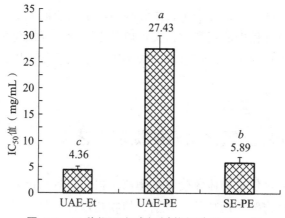

图 4-3　三种提取方式红树莓籽油的 IC_{50} 值

利用单因素方差分析进行差异显著性分析，多重比较方法为 Duncan（α = 0.05）法，不同字母 a、b、c 表示差异显著（$P < 0.05$）。

4.2.5　小结

采用三种不同的提取方法提取红树莓籽油，通过 GC-MS 鉴定分析比较不同提取方式红树莓籽油的脂肪酸组成，并通过 DPPH 自由基清除实验测定其体外抗氧化活性。结果表明，UAE-Et 红树莓籽油提取率更高，为 18.55%，所含被鉴定物质种类最多为 31 种，体外抗氧化活性更强，IC_{50} 值为 4.36 mg/mL，但是 UAE-PE 和 SE-PE 的提取效果油色更澄清。三种方式提取的红树莓籽油的 ω-6/ω-3 脂肪酸比例均小于大豆油和花生油，在改善我国居民膳食 ω-6/ω-3 脂肪酸比例中有着重要作用。因此，可根据不同用途，采用不同的提取方式对红树莓籽油进行提取。

5 树莓叶片主要活性成分的提取和活性研究

树莓属灌木，生命力强，每个生长季经根芽萌生大量地上茎，叶片资源丰富。茎叶既是树莓果实生产过程中的副产物，又可以独立开发，规模化采收。与树莓果实一样，叶片中也含有大量的对人体有益的酚酸类小分子抗氧化物质，可作为植物源多酚的提取原料之一。

5.1 树莓叶片抗氧化物质的提取工艺

天然抗氧化物质可使生物体免受超氧阴离子损伤，具有抗衰老、抗癌、抗辐射、降脂和提高机体免疫力等药用功效。目前，植物药用抗氧化物质的提取工艺多数关注单类型化合物提取。采用响应面分析优化有机溶剂提取紫树莓叶黄酮，其提取率为12.56%；在树莓干果中总黄酮得率为 3.88%；工艺优化后超声辅助提取明绿豆中超氧化物歧化酶（SOD），比活力可达 856.95 U/mg；小麦苗中 SOD 酶活可达 587.60 U/mL。但是传统中药和现代西药协同配伍研究均指向多种成分混合在某些方面呈现出更好的作用效果。例如已经通过现代细胞生物学的手段证明，中药复方雄黄-青黛配方（雄黄、青黛、丹参）中四硫化四砷、靛玉红和丹参酮三种主要成分协同配伍能有效地治疗急性早幼粒细胞白血病；头孢他啶（一种抗生素）与芹菜素（一种黄酮）协同使用能更有效地抑制耐头孢他啶的阴沟肠杆菌（Enterobacter cloacae）的生长等。尽管还不清楚黄酮和 SOD 是否存在药物配伍作用，但是有报道称，天然黄酮槲皮素-3-O-葡萄糖醛酸能够通过调节过氧化物酶体增殖物激活受体 α/固醇调节元件结合蛋白-1c 信号，治疗游离脂肪酸诱导的脂肪肝；而富含 SOD 的甜瓜提取物能在饮食诱导的动脉粥样硬化模型中，通过降低肝脏中氧化型辅酶 I、II 的 p22phox 亚基的表达量，阻止主动脉脂质和脂肪肝，这说明黄酮与 SOD 虽然机制不同，但是都有一定的降脂作用。基于多组分单一体系提取工艺的研究鲜见，黄酮和 SOD 都能利用超声提取，提取温度都可超过 60 ℃，本节试图通过实验设计在单一体系中同时兼顾提取树莓叶片中的黄酮和 SOD 两类物质，这些混合粗提物可以直接用于化妆品、食品和药品添加，也可以作为进一步细分单物质、深入研究药物功能的中间产物。

首先以澳洲红树莓叶片为研究材料，同时考察超声辅助乙醇提取物中的总黄酮含量、SOD 总活力和总蛋白含量三个指标，对乙醇浓度、料液比、超声时间三因素三水平采用 Box-Behnken 实验设计和响应面法（RSM）优化提取条件，从而获得最佳的混合提取工艺；再利用最佳工艺处理不同品种树莓叶片（采样地北京农学院），比较黑红莓、托拉蜜、诺娃（有刺）、诺娃、海尔特兹、来味里、马拉哈丁、秋来思以及澳洲红共九个树莓品种中总黄酮含量、SOD 总活力和总蛋白含量的提取效果，为树莓叶片粗提物的研究和食叶型品种引种选育工作提供数据支持。

5.1.1　单因素实验结果

1. 乙醇浓度：随提取液中乙醇浓度不断增加，叶片粗提液中的总黄酮含量、SOD 总活力和总蛋白含量呈现出先增加后降低的趋势（图 5-1），其中总黄酮含量（图 5-1A）和总蛋白含量（图 5-1C）在乙醇浓度 70% 处分别达到最高，SOD 总活力（图 5.2B）在乙醇浓度为 60% 达到最大，兼顾三个响应值最大化，乙醇浓度的提取范围应在 60～70%。

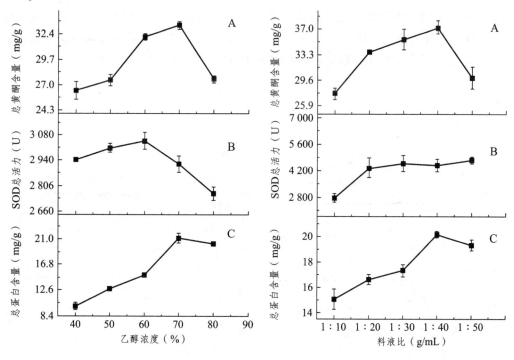

图 5-1　乙醇浓度对响应值的影响　　　图 5-2　液料比对响应值的影响

2. 料液比：随着料液比的增加，树莓叶片中总黄酮含量（图 5-2A）和总蛋白含量（图 5-2C）都随之先升高后降低，在 1∶40 g/mL 时达到最大值，可能是由于溶剂量的增加，增大了物料与溶剂的接触面积，但当溶剂量达到一定程度后，溶剂量的增加有利于其他物质进一步溶出，干扰因素增多，影响了总黄酮和总蛋白的量；而 SOD 在溶剂量少的情况下随着溶剂量的增加总活力增大，在 1∶30 g/mL 之后基本趋于稳定（图5-2B）。因此考虑三个响应值最佳，将料液比的中心点定为 1∶40 g/mL。

3. 超声时间：随着超声时间的延长，总黄酮含量、SOD 总活力和总蛋白含量均在

30 min 时达到最大值（图 5-3），其中总黄酮含量和总蛋白含量在 30 min 后都有减小的趋势，总黄酮含量降低得更明显，这可能是由于长时间超声波处理，破坏了黄酮类化合物和蛋白的结构，同时随着长时间超声造成的温度升高，也会造成热敏感蛋白的变性沉淀，最终导致总黄酮含量和总蛋白含量下降；但是 SOD 总活力（图 5-3B）在 30 min 以后趋于稳定，表现出很好的稳定性。因此，以 30 min 为中心点为宜。

4. 超声功率：与未经超声处理相比，提取率在 120 W 处达到最大值，总黄酮含量、SOD 总活力和总蛋白含量分别提高了 7.01%、127.91%、64.24%（图 5-4）；但是，随着超声功率继续增加，总黄酮含量明显下降，SOD 总活力趋于稳定，总蛋白含量略微下降。这可能是在一定范围内，较低的超声功率，有利于增加超声波的空化作用，易于有效物质溶出。有研究表明黄酮类化合物提取最佳工艺中超声功率有 160 W，也有 300 W 的；而蛋白和 SOD 的提取最佳超声功率有 150 W 和 140 W，趋向于低功率。由于 120 W 是本实验所用超声仪的下限，是否还有更低的功率更有利于三者的溶出提取，需要更多的实验工作加以研究。另外，体系温度会随超声时间和超声功率等因素发生相应变化，在我们前期的研究中发现，在 60~80 ℃ 范围内，对黄酮提取率没有显著影响。因此，为了方便操作，固定超声功率为 120 W，起始温度为 60 ℃。

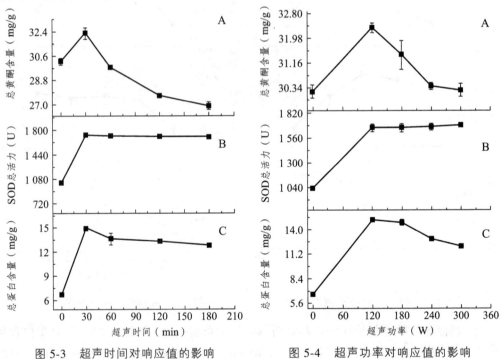

图 5-3　超声时间对响应值的影响　　　　图 5-4　超声功率对响应值的影响

5.1.2　响应面法实验设计及结果

1. 响应面实验设计及结果

根据 Box-Behnken 的统计设计原理，参考单因素实验结果，固定超声功率 120 W，选择乙醇浓度、料液比和超声时间三个因素，进行三因素三水平实验设计，3个中心点，15次实验，实验结果见表5-1。

表5-1　响应面实验方案及实验结果

序号	因素			总黄酮含量（mg/mL）	SOD总活力（U）	蛋白含量（mg/g）
	A 乙醇浓度（%）	B 料液比（g/mL）	C 超声时间（min）			
1	80	1：40	50	22.2	7 437.4	18.5
2	70	1：40	30	48.2	4 643.6	22.9
3	80	1：50	30	30.5	6 083.2	15.7
4	80	1：30	30	31.9	5 985.6	16.1
5	60	1：50	30	50.2	5 168.7	12.7
6	70	1：40	30	49.8	4 699.3	23.1
7	70	1：30	10	38.9	4 532.9	18.2
8	70	1：50	10	36.8	4 445.9	17.3
9	70	1：50	50	36.6	4 463.3	17.6
10	60	1：40	50	40.7	6 030.0	15.4
11	70	1：40	30	48.9	4 866.5	23.3
12	60	1：30	30	51.0	5 614.6	13.9
13	60	1：40	10	41.0	6 023.1	14.1
14	80	1：40	10	20.6	6 719.8	18.2
15	70	1：30	50	38.9	4 721.1	18.9

2. 响应面法回归方程及方差分析

采用 Design-Expert 8.0 软件对实验数据进行多元回归拟合，可得到以各个响应值为目标函数的二次回归方程（略）。

对该模型进行方差分析及显著性检验，结果见表 5-2。三个响应值模型 F<Prob<0.05，表明模型是显著的；因变量与所考察各自变量之间的线性关系显著（$R^2_{黄酮}$=0.9984、R^2_{SOD}=0.9879、$R^2_{蛋白}$=0.9956），模型调整系数依次为 $R^2_{Adj 黄酮}$=0.9956、R^2_{AdjSOD}=0.9661、$R^2_{Adj 蛋白}$=0.9878，说明这三个模型分别能解释99.56%、96.61%和98.78%响应值的变化；失拟项概率 p 均表现为 $p>0.05$ 不显著，表明三个回归方程在整个回归区域的拟合情况良好，可用模型代替实验真实点对实验结果进行分析。

通过软件分析可得信噪比分别为10.64、12.48、13.14，数值均大4，可知回归方程拟合度和可信度均很高，实验误差较小，说明本实验所得二次回归方程能很好地对响应值进行预测，因此超声辅助乙醇提取树莓叶片中总黄酮含量、SOD 总活力以及总蛋白含量的实验可以用该模型对实验结果进行预测。由表 5-2 可知：总黄酮含量和总蛋白含量受到乙醇浓度的极显著影响（$p< 0.01$），受料液比显著影响（$p< 0.05$），而 SOD 总活力只受乙醇浓度极显著的影响（$p< 0.01$），三个因素分别对三个响应值，在检测的范

围内未见交互作用。

表 5-2　响应面二次回归方程方差分析

来源	自由度	总黄酮含量 P 值	SOD 总活力 P 值	总蛋白含量 P 值
模型	9	< 0.000 1**	0.000 3**	< 0.000 1**
A-乙醇浓度	1	< 0.000 1**	0.000 9**	< 0.000 1**
B-料液比	1	0.015 1*	0.208 8	0.012 1*
C-超声时间	1	0.604 7	0.110 7	0.052 5
AB	1	0.643 1	0.170 7	0.355 4
AC	1	0.204 4	0.090 8	0.241 1
BC	1	0.932 1	0.636 8	0.557 3
失拟项	3	0.727 5	0.266 3	0.196 0
纯误差	2			
总和	14			

注：*P< 0.05 差异显著；**P < 0.01 差异极显著。

3. 响应曲面图分析

根据二次多项式回归方程建立三个模型的响应曲面图共有 9 张，仅以对响应值有显著影响的三维图为例分析（图 5-5）。料液比一定时，随着乙醇浓度的增大，总黄酮含量逐渐减少。乙醇浓度一定时，随料液比的增加对总黄酮含量的影响相对较小（图 5-5A）。超声时间较短时，随着乙醇浓度的增大，SOD 总活力逐渐减小，而超声时间较长时，SOD 总活力变化较小（图 5-5B），图形对称性不佳。由图 5-5C 可以看出，料液比或乙醇浓度一定时，总蛋白含量均呈现先增加后降低。三维响应面投影稀疏，说明乙醇浓度与料液比的交互作用不显著，图形分析结果与方差分析结果吻合。

4. 优化与验证

通过回归模型分析，在给出的各组图优化条件中，以总黄酮含量最优，兼顾 SOD 总活力和总蛋白含量较优为原则，筛选出的工艺条件为：乙醇浓度 60.96%、料液比 1∶38.2 g/mL、超声时间 31.11 min，在此条件下，预测总黄酮含量为 51.37 mg/g、SOD 总活力为 5 828.23 U、总蛋白含量为 16.62 mg/g。考虑到实际操作的可行性，将树莓叶片最佳提取工艺修正为乙醇浓度 60%、料液比 1∶40 g/mL、超声时间 30 min。在以上优化条件下进行验证实验，平行实验 3 次，结果取平均值。实际测出的总黄酮含量为 51.74 mg/g、SOD 总活力为 5 828.96 U、总蛋白含量为 17.20 mg/g，接近回归模型预测的理论值，说明该方法与实际情况拟合很好，充分验证了所建模型的正确性，证明采用响应面法优化得到的提取条件准确可靠。

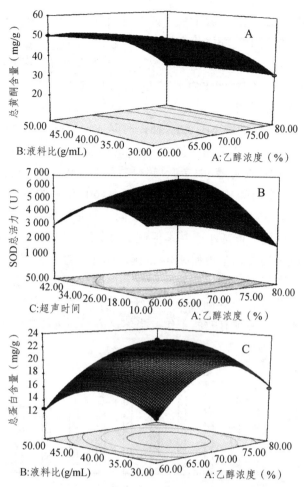

图 5-5 三个因素对总黄酮含量、SOD 总活力和总蛋白含量影响的响应面图

5.1.3 不同树莓叶片抗氧化物质含量比较

利用优化得到的最佳提取条件乙醇浓度 60%、料液比 1∶40 g/mL、超声时间 30 min 在 120 W 的超声功率下辅助提取不同品种树莓叶片中的总黄酮、SOD 总活力和总蛋白，依据上述实验对响应值进行测量并比较，经过 SPSS 中 Duncan 法分析数据，结果见图 5-6。总黄酮含量较优的品种是黑红莓、诺娃（有刺）和诺娃；SOD 总活力较优的品种是黑红莓、澳洲红、诺娃（有刺）和诺娃；总蛋白含量较优的品种是澳洲红、诺娃（有刺）和诺娃。

综合考虑，九个品种中较优的是黑红莓、诺娃（有刺）和诺娃，较差的是来味里和海尔特兹。通过单因素实验、响应面方法优化，得出树莓叶片黄酮类和 SOD 类抗氧化活性物质的最佳混合提取工艺：乙醇浓度 60%、料液比 1∶40 g/mL、超声功率 120 W、超声时间 30 min，验证实验总黄酮含量为 51.74 mg/g（得率约为 5.2%）。这与许多响应面优化黄酮类化合物优化工艺大同小异，例如紫莓叶片中总黄酮提取的最佳工艺条件为：乙醇浓度 57.8%、提取温度 62.1 ℃、提取时间 92.7 min、料液比 1∶50 g/mL，提取率为 12.56%；树莓果实中黄酮类化合物提取工艺为：超声时间 42.30 min、超声功率 300 W、乙醇浓度 51.83%、浸提温度为 80 ℃，得率为 3.88%；茸毛木蓝根总黄酮的最佳工艺则为：乙醇浓度 60%、料液比为 1∶30 g/mL、提取 3 次，每次 2 h，得率为 2.55%。利用上述最佳混合提取工艺可得澳洲红叶片的 SOD 总活力为 5 828.96 U（比活力约 351.78 U/mg）；而在磷酸缓冲液 pH 8.0、抽提时间 1 h、热处理温度 70 ℃、热处理时间 15 min 的最优工艺条件下小麦苗中提取 SOD 的最佳比活力 587.60 U/mg；采用料液比 1∶22（g/mL）、磷酸盐缓冲液 pH 7.0、超声功率 140 W、超声时间 20 min、超声水浴温度 44 ℃、水浴浸提时间 1.5 h、水浴浸提温度 60 ℃ 的提取工艺，得到的明绿豆 SOD 的最佳比活力 856.95 U/mg。这三者基本在同一数量级别，说明树莓最佳的混合提取工艺简便易行，时间短、能耗小，基本保证了总黄酮和 SOD 的提取效率。

在粗提物中兼顾黄酮类化合物和 SOD 的提取给出一些新的启示：天然产物的研究一方面追求单一（或单类）物质的提取、纯化和鉴定研究，另一方面各类共存于植物体中天然产物，本身相互协作共同为物种的延续作出贡献，而针对它们的混合提取、利用和研究可能也不失为一种有效的工作，当然这方面还需要进一步深入研究。

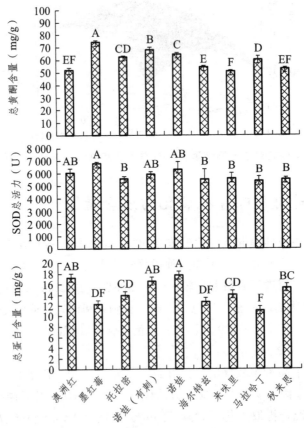

图 5-6　不同品种树莓叶片总黄酮含量、SOD 总活力和总蛋白含量比较

注：不同大写字母表示差异显著（$P < 0.05$），相同大写字母表示差异不显著（$P > 0.05$）。

5.1.4　小结

以总黄酮含量、SOD 总活力和总蛋白含量为响应值，得到树莓叶片中主要抗氧化活性物质（黄酮和 SOD）最优混合超声提取工艺条件为；60%乙醇，1∶40 g/mL 料液比，120 W 超声辅助提取 30 min。在此条件下，验证实验树莓叶片中的总黄酮含量为51.74 mg/g、SOD 总活力为 5 828.96 U、总蛋白含量为 17.20 mg/g。

利用最优工艺条件分别测定九个品种树莓叶片澳洲红、黑红莓、托拉蜜、诺娃（有刺）、诺娃、海尔特兹、来味里、马拉哈丁和秋来思叶纯中的总黄酮、SOD 总活力和总蛋白含量，综合比较后得出品种黑红莓、诺娃（有刺）和诺娃较优，来味里和海尔特兹较次。这些结果为树莓的食叶研究和引种选育提供了数据支持。

5.2　树莓叶片与多种植物的总酚含量和抗氧化能力比较

人体内的自由基 95%为氧自由基，又称活性氧（reactive oxygen species，ROS），包括超氧阴离子自由基（$O_2 \cdot -$）、羟基自由基（$\cdot OH$）、脂氧自由基（$LO \cdot$）等。许多疾病，特别是心血管疾病、糖尿病、高血脂和肿瘤等慢性疾病都与人体内的 ROS 过量有关。随着我国人口的老龄化，我国居民慢性病患病率逐年上升，并呈现出女性高于男性、城市高于农村、城乡差距逐渐缩小、患病人群集中在 55 岁以上等特点。慢性病的医疗投入已经成为个人和社会的巨大负担。ROS 会攻击神经细胞的线粒体，导致神经细胞发生病变或凋亡，引发神经性疾病；香烟中的尼古丁引发氧化应激反应，即通过 ROS 介导的支气管上皮细胞凋亡和衰老而引起肺气肿。研究发现了心脑血管疾病的引发机制之一，即氧化应激阻碍内质网的正常折叠，细胞内蛋白酶过度分泌引发细胞自噬和凋亡，最终可导致心脏衰竭。非酒精性肝炎的发生与肝脏中的脂质过氧化密切相关。因此，机体内 ROS 的清除和平衡一直是药理学和营养学研究的热点。

多酚是一类植物特有的多羟基次生代谢物，具有很好的抗氧化活性，根据是否含有 C6-C3-C6 母核结构，又为黄酮类和非黄酮类两个亚类，其抗氧化能力强弱与酚羟基的数量和位置直接相关。百年来茶叶作为三大饮品之一为人类健康作出巨大贡献，茶叶中的茶氨酸和茶多酚具有良好的抗自由基作用，而茶叶生产中的边角料和老叶都可以成为茶多酚生产的原料。2006 年，第一个以茶多酚为主要原料的植物处方新药 Veregen 被美国 FDA 批准，无疑为植物医药制剂的发展注入了新的活力。1969 年北京制药厂研制银杏黄酮制剂 6911（舒血宁和冠也丽）是我国工业化植物多酚应用于医药行业的开始。目前，银杏叶多酚提取物中黄酮含量超过 25%，主要活性物质为山柰酚，山柰酚可以通过抑制酒精对小鼠肝脏的氧化损伤来达到抗癌的作用。葡萄籽多酚提取物中主要成分是低聚原花青素，它比松树皮和花生红衣多酚提取物中的高聚原花青素生理活性高。葡萄和虎杖中的白藜芦醇具有通过抑制氧化应激来有效地推迟小鼠糖尿病肾病引起的肾脏纤维化等功效，是保健品原料之一。悬钩子属植物中多种树莓、黑莓不仅是高营养价值的经济水果，还富含鞣花酸、花色苷等高活性化合物，具有高多酚的特点，特别是红树莓叶片为少数含有槲皮素-3-O-葡萄糖醛酸苷的植物材料之一，槲皮素-3-O-葡萄糖醛酸苷可以抑制胰腺癌细胞的迁移而达到抗癌的效果。因此高总酚含量的植物材料具有很大的开发利用空间。

本节选取的杠板归等 35 种中药材购自山西省仁和大药房（2017～2018 年），5 种茶叶分别为六安瓜片（2017 年，安徽）、翠尖茶（2018 年，安徽）、碧螺春（2017 年，安徽）、云南普洱茶（2012 年，云南）、云雾茶（2017 年、云南），树莓等 14 种植物材料采自山西中北大学实验田（2018 年），共 54 种植物材料，各植物材料拉丁名详见表5-4。提取工艺为：60%乙醇、1：40 g/mL 料液比、120 W 超声辅助提取 30 min。测定方法采用福林酚法和铝盐显色法分别对总酚和总黄酮含量进行测定，用 FRAP 法测定其总抗氧化能力，用两种常用的 DPPH 法和 ABTS 法测定其清除自由基的能力，分析这些指标的相关性，为植物源多酚材料的选择和开发利用提供数据支持。

5.2.1　54 种植物材料的总酚含量和分组

参照 Katalinic 等的方法，按照总酚含量将 54 种材料分为五组（如表 5-4）。A 组（极高总酚组）：总酚含量 > 200 mg/g，包括 4 种绿茶，这与茶叶富含茶多酚，具有抗氧化的健康价值研究结果一致。B 组（高总酚组）：总酚含量 100～200 mg/g，包括 8 种植物材料。杠板归、石榴皮和荷叶属于已被大量使用的药用材料，兼顾药用价值和高总酚特点。杠板归、荷叶和树莓一样是少数几种含有槲皮素-3-O-葡萄糖醛酸苷的植物，另外，荷叶提取物的总抗氧化能力远大于维生素 E。葡萄籽总酚含量在 100 mg/g 以上，具有很强的抗氧化能力，葡萄籽提取物以原花色苷为主，其铁离子还原能力是人工抗氧化剂 2，6-二叔丁基-4-甲基苯酚（2，6-di-tert-butyl-4-methylphenol，BHT）的 10 倍以上。C 组（中总酚组）：总酚含量 50～100 mg/g，包括 12 种植物材料，其中 7 种为药用材料。银杏叶片总酚和总黄酮的排序不高，可能与所收集叶片的采收期和（或）采收地有关，也与银杏黄酮主要成分是山柰酚，在铝盐显色法中效果不好有关。D 组（低总酚组），总酚含量 10～50 mg/g，包括 28 种植物材料，23 种为药用材料，这些中药材有特定的药理作用和相应的化合物组分，可能与高总酚关系不大。红树莓鲜果、黑莓和红树莓种子、爬山虎和草莓叶片 5 种普通植物材料的总酚含量也不高，不太适合作为提取多酚的首选材料。E 组（极低总酚组）：总酚含量 < 10 mg/g，包括 3 种植物材料。柴胡和白果是常用中药，从测定结果看也不以总酚含量高见长。石榴籽看上去和葡萄籽类似，但是总酚含量远不如葡萄籽，也不适合提取多酚用。本实验选取的54 种材料与刘海英等选取的 86 种药食两用的药材有部分的重叠，例如甘草、泽兰叶、紫苏叶等，其总酚含量与其实验结果类似。总体来看，B 组的总酚含量在 100 mg/g 以上，虽然不能与直接食叶用的茶叶总酚相比，但是可以作为潜在的植物多酚提取材料，特别是药用以外的黑莓和红树莓叶片和核桃壳，它们类似于葡萄籽，都属于农副产品废弃物，具有变废为宝的开发价值。

表 5-4　54 种植物材料总酚及其他指标

编号	植物名	组	拉丁名	干燥部位	植物出处	总酚含量（mg/g）	黄酮含量（mg/g）	铁离子还原量（μmol）	DPPH清除率（%）	ABTS清除率（%）
1	翠尖茶	A	Camellia sinensis L.	叶	中国植物志/绿茶	238.20±1.19	154.56±1.90	25.34±0.11	96.12±0.45	99.66±0.93
2	六安瓜片	A	Camellia sinensis L.	叶	中国植物志/绿茶	215.89±1.25	121.84±0.67	22.47±0.17	95.34±1.18	99.21±0.38
3	碧螺春	A	Camellia sinensis L.	叶	中国植物志/绿茶	213.71±2.92	135.32±2.37	23.15±0.05	98.25±0.46	99.48±0.69
4	云雾茶	A	Camellia sinensis L.	叶	中国植物志/绿茶	203.56±1.78	83.04±1.15	21.05±0.02	94.53±0.28	99.96±0.87
5	杠板归	B	Polygonum perfoliatum L.	地上部分	中国药典/药材	143.78±0.90	254.29±2.81	14.50±0.30	95.60±1.25	99.06±0.50
6	黑莓	B	Rubus fructicosus L.	根	美国引种/自制	131.01±1.42	28.21±1.68	14.49±0.21	98.76±1.18	99.00±0.31
7	石榴	B	Punica granatum L.	果皮	中国药典/药材	127.61±2.58	31.59±3.00	13.40±0.06	96.25±0.24	99.66±0.22
8	黑莓	B	Rubus fructicosus L.	成熟叶	美国引种/自制	123.93±2.61	78.79±2.95	11.88±0.22	84.20±0.45	99.59±0.19
9	红树莓	B	Rubus idaeus L.	成熟叶	中国植物志/自制	113.04±2.17	63.31±1.85	12.30±0.23	91.43±1.95	98.99±0.14
10	荷叶	B	Nelumbonucifera Gaerm.	叶	中国药典/药材	110.99±2.17	120.03±0.90	10.24±0.01	89.12±0.55	99.72±0.08
11	核桃	B	Juglans regia L.	种皮	中国植物志/自制	106.68±0.65	40.00±1.48	11.28±0.21	96.12±0.55	99.48±0.19
12	葡萄	B	Vitis vinifera L.	种子	中国植物志/自制	103.25±0.24	179.48±0.28	8.20±0.00	89.00±0.46	99.72±0.15
13	黄芩	C	Scutellaria baicalensis Georgi.	根	中国药典/药材	99.83±1.37	15.93±2.61	9.77±0.05	92.09±0.28	99.76±0.09
14	红树莓	C	Rubus idaeus L.	茎	中国植物志/自制	96.79±0.53	60.16±1.68	8.62±0.23	95.58±1.09	99.66±0.33
15	红树莓	C	Rubus idaeus L.	根	中国植物志/自制	92.67±2.34	96.35±2.74	10.34±0.03	95.45±0.45	99.96±0.07

5　树莓叶片主要活性成分的提取和活性研究

编号	植物名	拉丁名	组	干燥部位	植物出处	总酚含量 (mg/g)	黄酮含量 (mg/g)	铁离子还原量 (μmol)	DPPH清除率 (%)	ABTS 清除率 (%)
16	树莓茶	Rubus idaeus L.	C	嫩叶	中国植物志/自制	89.88±2.53	62.16±1.08	8.54±0.05	89.56±0.59	98.54±0.28
17	普洱	Camellia sinensis L.	C	叶	中国植物志/茶	80.98±2.54	113.84±2.35	8.25±0.23	85.36±0.39	99.12±0.18
18	银杏	Ginkgo biloba L.	C	叶	中国药典/自制	74.84±2.05	28.31±1.16	7.65±0.05	92.56±0.59	98.56±0.08
19	秦皮	Fraxinus chinensis Roxb.	C	枝皮	中国药典/药材	65.66±1.87	99.61±1.30	5.18±0.00	89.47±0.65	98.15±1.21
20	半枝莲	Scutellaria barbata D.Don	C	全草	中国药典/药材	64.69±2.20	34.73±1.12	5.21±0.07	90.43±0.50	95.26±1.73
21	艾草	Artemisia argyi Levl.	C	叶	中国药典/药材	54.44±1.74	81.84±1.99	5.25±0.05	82.34±2.56	92.25±2.33
22	丹参	Salvia miltiorrhiza Bge.	C	根、茎	中国药典/药材	53.25±2.04	119.83±2.23	3.47±0.01	86.72±0.83	99.21±0.38
23	泽兰	Lycopus lucidus Turcz.	C	地上部分	中国药典/药材	50.63±1.66	99.73±2.46	4.12±0.10	88.17±0.37	92.10±1.01
24	侧柏	Platycladus orientalis L.	D	枝梢和叶	中国药典/药材	49.77±1.93	41.05±1.91	4.30±0.28	85.04±1.76	91.58±2.61
25	杜仲	Eucommia ulmoides Oliv.	D	树皮	中国药典/药材	41.56±0.20	13.33±0.35	3.72±0.15	80.54±1.23	85.50±2.45
26	覆盆子	Rubus chingii Hu.	D	幼果	中国药典/药材	41.28±0.46	54.79±1.85	3.71±0.24	75.56±0.56	85.80±1.89
27	紫苏	Perilla frutescens L.	D	叶	中国药典/药材	40.34±1.24	55.37±2.76	4.69±0.07	76.35±0.33	88.08±1.32
28	红树莓	Rubus idaeus L.	D	叶	中国植物志/自制	39.40±2.14	29.14±1.21	3.26±0.19	75.69±1.50	81.77±0.78
29	菘蓝	Isatis indigotica Fortune	D	叶	中国药典/药材	34.84±1.53	12.48±0.96	2.67±0.20	47.73±0.09	54.41±2.53
30	爬山虎	Parthenocissus tricuspidata L.	D	叶	中国植物志/药材	34.59±1.55	28.21±0.42	2.10±0.02	32.07±1.59	48.56±1.87
31	番泻	Cassia angustifolia Vahi.	D	叶	中国药典/药材	34.18±1.40	20.77±0.69	2.22±0.24	29.75±2.14	32.12±2.95
32	薄荷	Mentha haplocalyx Briq.	D	地上部分	中国药典/药材	31.55±2.97	55.39±2.64	2.93±0.25	22.88±0.31	34.60±2.09
33	黑莓	Rubus fructicosus L.	D	种子	美国引种/自制	31.03±0.72	25.22±0.88	1.80±0.07	53.86±1.19	59.63±2.27
34	鱼腥草 (蕺菜)	Houttuynia cordata Thun b.	D	地上部分	中国药典/药材	30.12±2.77	39.18±2.83	2.79±0.19	56.21±1.69	70.95±2.63
35	红树莓	Rubus idaeus L.	C	鲜果	中国植物志/自制	30.05±2.05	9.61±1.70	2.85±0.17	60.03±0.23	61.00±1.17

编号	植物名	组	拉丁名	干燥部位	植物出处	总酚含量 (mg/g)	黄酮含量 (mg/g)	铁离子还原量 (μmol)	DPPH 清除率 (%)	ABTS 清除率 (%)
36	甘草	D	Glycyrriza uralensis Fisch.	根、茎	中国药典/药材	28.04±2.92	9.66±0.32	1.46±0.02	22.71±0.52	36.20±2.27
37	透骨草	D	Speranskia tuberculata Baill.	全草	中国药典/药材	27.27±0.37	26.97±0.14	2.29±0.14	30.52±1.26	49.10±1.36
38	草莓	D	Fragaria ananassa Duch.	叶	中国植物志/自制	26.85±1.24	7.36±0.28	1.34±0.04	34.56±0.40	45.57±2.74
39	蒲公英	D	Taraxacum mongolicure Hand.	全草	中国药典/药材	26.05±2.15	25.34±0.66	2.77±0.29	49.36±2.69	53.20±2.52
40	莲蓬	D	Nelumbonucifera Gaerm.	花托	中国药典/药材	25.33±1.42	23.47±0.89	1.17±0.06	38.59±1.05	43.63±1.18
41	金钱草	D	Lysimachia christinae Hance	全草	中国药典/药材	23.90±1.19	13.20±1.16	1.87±0.04	40.56±0.82	44.01±2.60
42	车前草	D	Plantago asiatica L.	全草	中国药典/药材	23.29±0.86	36.03±2.15	2.50±0.07	39.56±1.87	52.24±1.82
43	败酱草	D	Thlaspi arvense L.	全草	本草纲目/药材	22.70±1.95	29.04±2.96	1.81±0.23	35.62±1.32	56.32±2.61
44	茜草	D	Rubia cordifolia L.	根、茎	中国药典/药材	22.49±2.85	29.14±1.15	2.45±0.22	45.51±0.31	52.73±2.24
45	桑椹	D	Morusalba L.	果穗	中国药典/药材	20.31±0.53	22.02±2.04	1.50±0.56	40.56±1.51	50.89±3.81
46	桑白皮	D	Morus alba L.	根皮	中国药典/药材	17.84±1.47	6.16±0.60	1.06±0.04	31.89±0.94	52.12±1.43
47	白花蛇舌草	D	Hedyotis diffusa Willd.	全草	广西中药志/药材	17.73±0.41	12.30±0.30	0.94±0.05	16.31±1.82	32.27±1.83
48	淡竹	D	Lophatherum gracile Brongn.	茎叶	中国药典/药材	16.49±1.57	9.91±0.46	1.01±0.01	28.67±0.65	59.00±1.44
49	枇杷	D	Eriobotrya japonica Lindl.	叶	中国药典/药材	15.99±0.50	15.28±0.28	2.10±0.06	35.85±0.71	44.09±1.32
50	伸筋草	D	Lycopodium japonicum Thunb.	全草	中国药典/药材	12.07±1.60	4.66±0.22	1.11±0.05	15.60±0.65	40.56±1.24
51	木贼草	D	Equisetum hyemale L.	地上部分	中国植物志/自制	11.49±0.45	4.56±0.30	0.87±0.02	5.78±0.89	25.19±1.68
52	石榴	E	Punica granatum L.	种子	中国药典/药材	8.80±2.78	2.96±0.57	1.33±0.03	21.69±1.27	30.26±2.54
53	柴胡	E	Bupleurum Chinense DC.	根	中国药典/药材	7.59±0.63	2.64±0.50	0.87±0.05	5.67±0.19	20.43±0.43
54	白果	E	Ginkgo biloba L.	果实	中国药典/药材	4.22±0.68	0.29±0.18	0.89±0.02	2.83±0.97	24.74±2.31

5　树莓叶片主要活性成分的提取和活性研究

5.2.2 54种植物材料总酚含量与抗氧化能力比较分析

1. 总酚与铁离子还原量相关性分析

各植物材料提取液的抗氧化能力经由 FRAP 法测得，总酚与各抗氧化能力相关性分析如表 5-5 所示，总酚含量与铁离子还原量（μmol）显著相关（$P < 0.01$），其中相关因子 $r = 0.987$。将总酚含量（X）与铁离子还原量（Y）进行线性拟合，拟合曲线如图 5-7 所示，拟合方程为：$Y = 0.104X - 0.622$，$R^2 = 0.977$，拟合结果相关性高。Katalinic 等通过对克罗地亚当地药店购买的 70 种药用植物的总酚含量和 FRAP（μmol/L）进行相关性分析，发现总酚含量和铁离子还原量具有显著的相关性，且拟合曲线 $r > 0.95$；值得一提的是，黑莓叶片和红树莓叶片的总酚含量分别排在第四和第九位，均属于高总酚组和高 FRAP 组，这些结果与本实验结果相似。

表 5-5 各个指标间显著性分析

相关因子（R）	总酚	总黄酮	FRAP	DPPH	ABTS
总酚	1	0.545*	0.987**	0.738**	0.769**
总黄酮	0.545*	1	0.493*	0.590**	0.505*
FRAP	0.987**	0.493*	1	0.712**	0.746**
DPPH	0.738**	0.590**	0.712**	1	0.685**
ABTS	0.769**	0.505*	0.746**	0.685**	1

注：**表示在 0.01 水平（双侧）上显著相关，*表示在 0.05 水平（双侧）上显著相关。

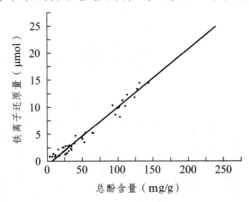

图 5-7 总酚含量与总抗氧化能力（FRAP）线性拟合

2. 总酚与自由基清除能力相关性分析

各植物材料的提取液自由基清除率经由 DPPH 法和 ABTS 法测得。总酚与自由基清除能力相关性分析如表 5-5 所示，总酚含量与自由基清除率(%)显著相关（$P < 0.01$），但其相关因子分别为 $R = 0.738$ 和 $R = 0.769$，明显低于总酚与 FRAP 的相关性。这可能与总酚的测定主要依赖福林酚显色法，与 FRAP 的铁离子还原法机制类似，两者均为多酚化合物还原金属离子显色法。

多酚类化合物清除自由基的 DPPH 法和 ABTS 法，由于自由基本身不稳定，而容易受到如温度、pH、反应时间、溶剂、电离电势等多重因素的影响。例如有机酸通过影响提取液的 pH 来影响自由基清除能力，pH 对多酚类化合物清除自由基能力有很大的影响，随 pH 增加多酚电离出多酚阴离子，多酚阴离子清除自由基的机制为单电子转移（single electron transfer，SET），比多酚更容易给出电子；其次，有机酸与多酚类化合物具有协同清除自由基作用，反式乌头酸、柠檬酸等有机酸的加入会增强多酚类化合物清除 DPPH· 的能力。自由基加合物（radical adduct formation，RAF）的生成使得某些还原能力不强的化合物在测定值上反而反映出更高的自由基清除能力，还发现一分子熊果苷基于氢原子转移（hydrogen-atom transfer，HAT）机制消除一分子 ABTS·+ 之后，反应产物又以自由基加合物机制清除了两分子的 ABTS·+；同样的，抗坏血酸-2-O-葡萄糖苷与 DPPH· 生成加合物，使得其自由基清除能力远优于比其抗氧化能力强的抗坏血酸。自由基链式反应的复杂性，导致多酚类化合物与 DPPH· 和 ABTS·+ 的反应产物多种多样。而醇提混合物中并没有考虑到各个植物材料之间的有机酸、pH 值和其他差异。因此，总酚与 DPPH· 和 ABTS·+ 的清除率的相关性略逊于总酚含量和 FRAP 之间的相关性，但是总体上自由基清除率随总酚含量增加而增加。

3. 总酚与总黄酮含量相关性分析

黄酮类化合物属于多酚类化合物的一个分支，原则上总黄酮与总酚含量应该正相关，显著性分析结果显示 $P < 0.05$，存在相关性，但是相关因子 $r = 0.545$（见表 5-5）。如表 5-4 所示，杠板归、葡萄籽、秦皮和党参等都出现高黄酮低总酚的情况，原因可能是总酚含量的测定利用 SET 机制，以没食子酸为标准品，样品的总酚含量不仅与酚类物质浓度有关，还与酚类物质的给电子能力有直接关系。而总黄酮含量的测定则利用络合显色机制，以芦丁为标准品，根据铝盐显色法的显色机制，该体系仅对具有邻苯二酚结构的化合物在 510 nm 处有较强的吸收峰。分别以芦丁、山柰酚、原花青素、木犀草苷和芹菜素五个标准品采用铝盐显色法单独显色，并分别对其进行全波长扫描。结果发现，不具有邻苯二酚结构的黄酮类化合物山柰酚和芹菜素（如图 5-8A ~ B）在 510 nm 左右不具有吸收峰；具有典型邻苯二酚结构的黄酮类化合物虽然在 510 nm 处有强吸收峰，但吸收峰高不同，依次为木犀草苷<原花青素<芦丁（如图 5-8C ~ E）。研究发现，不具有黄酮类化合物基本结构的原儿茶酸也可在该体系中显色，且具有强吸收峰。鉴于以上三种情况，总黄酮的铝盐法测定结果受化合物结构影响较大，因此与总酚含量虽有相关性，但拟合效果不好。

总黄酮含量与总抗氧化活性能力（FRAP）显著相关（$P < 0.05$），但相关因子较低，$r = 0.493$。原因可能为，黄酮类化合物受 pH 影响较大，对多酚氧化酶较为敏感，容易被降解失去活性。碱性条件下黄酮类化合物会分解为小分子酚酸等多酚类化合物，而酚酸类化合物的抗氧化活性较黄酮类化合物会有明显的减弱。同时本实验受测定方法的限制，使得一些具有抗氧化活性的黄酮类化合物不能被检测到，例如山柰酚具有很强的抗氧化活性，但山柰酚在铝盐显色法中没有吸收峰，而银杏叶中的主要多酚类物

质为山奈酚。因此，总黄酮含量与抗氧化活性的相关性还与植物材料中含有的黄酮类化合物的种类有很大关系，影响了其两者的相关性。

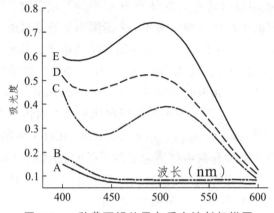

图 5-8　5 种黄酮铝盐显色后全波长扫描图

注：A-山奈酚；B-芹菜素；C-木犀草苷；D-原花青素；E-芦丁

5.2.3　小结

对 35 种常用药材、4 种绿茶、1 种红茶和 14 种普通植物材料总酚和总黄酮含量、总抗氧化能力、DPPH·和 ABTS+清除能力进行测定和相关性分析。总酚含量超过 200 mg/g 的植物材料为极高总酚 A 组（n=4），包括 4 种绿茶；总酚含量在 100～200 mg/g 之间的植物材料为高总酚 B 组（n=8），包括 3 种药材和 5 种如黑莓和树莓叶片等普通植物材料；总酚含量 100 mg/g 以下的植物材料为中总酚 C 组（n=11）、低总酚 D 组（n=27）和极低总酚 E 组（n=3）。基于相似的测定机理总酚含量与抗氧化能力（FRAP）显著相关，线性拟合度高，r = 0.987。由于自由基自身性质、pH、显色机制等因素，总酚含量与自由基清除能力和总黄酮含量有相关性，但拟合度低。尽管如此，高总酚含量仍对应高抗氧化性。这为各植物材料进一步的研究与应用打下基础，特别是高总酚组中的黑莓、树莓的叶片和核桃种皮均为农产品生产的副产物，可以作为潜在的植物多酚提取原料，具有变废为宝的开发价值。

5.3　树莓叶片提取物的活性成分和体内生物安全性研究

对树莓叶片（15 个红莓品种和 6 个黑莓品种）黄酮类化合物的高效液相色谱（HPLC）分析发现，红树莓叶中含有丰富的黄酮、鞣花酸和单宁。我们的研究中也发现，红莓叶中总黄酮含量 5.1% 高于红树莓幼果的 3.9%。另外，21 种悬钩子植物叶片中，酸水解后的鞣花酸浓度在 2.06% 到 6.89% 之间。26 种黑莓叶的研究也显示鞣花酸衍生物是其中最主要的化合物。槲皮素是黄酮醇类化合物的代表，广泛存在于水果和蔬菜中，也是目前研究最为广泛的膳食黄酮之一，树莓叶中的槲皮素主要与糖苷结合形成槲皮素-3-O-葡萄糖醛酸苷（Q3G）和槲皮素-3-O-芸香糖苷（芦丁）。树莓叶提取物中的 Q3G 含量高于黑醋栗、金银花、越橘和草莓叶提取物，占粉末重量的 7.5%。槲皮素和 Q3G 的进一步比较研究表明，它们在体外通过抑制活性氧相关炎症来改善内皮胰岛素抵抗方面同样有效。大鼠口服槲皮素和 Q3G 的最大血浆浓度出现时间分别为 0.75h 和 5h，并且后者在血浆中的含量是前者的 18 倍，说明 Q3G 可能是血浆和组织中的主要活性成分。

虽然树莓叶片长期用于民间医学，但经过有机溶剂萃取、大孔树脂纯化和高温（121 °C）解聚的树莓叶提取物的生物安全性尚不清楚。本节以树莓叶为原料，分别制备了：树莓叶干燥后磨粉 L；树莓叶乙醇超声提取后（方法见 5.1），再经大孔树脂纯化（方法见 2.3），纯化液除醇后喷雾干燥成粉：L2；树莓叶乙醇超声提取后，再经大孔树脂纯化，纯化液除醇后，经高温（121 °C）处理，喷雾干燥成粉 L2+。用高效液相色谱-质谱法分析 3 种样品中 12 种典型多酚的变化，并对小鼠灌胃，通过小鼠多种身体征指标评价 3 种样品的安全性。这些结果将有助于准确评估树莓叶提取物的主要活性成分和安全性。

5.3.1　树莓叶片和提取物中的主要化合物含量

三种样品中 12 种多酚化合物的 HPLC-MS 定量分析结果见表 5-7。三个样品的总酚含量（TPC）比较：L（8.6 mg/g）<L2（35.0 mg/g）<L2+（44.1 mg/g），与福林酚法测得的总酚含量相对应 L（144.17 mg/g）<L2（503.74 mg/g）<L2+（540.32 mg/g）趋势相同。三个样品中的两个主要化合物 Q3G 和 EA 的总量，分别占 L 总酚含量的 80.39%、L2 的 76.70% 和 L2+的 82.22%。与 L 相比，除原花色苷 B1、儿茶素和表儿茶素外，L2 中的其他 9 种化合物的含量至少增加了 184%，表明提取纯化处理有效地富集了活性成分。L2+中的 TPC 仅比 L2 中的 TPC 增加 25.94%，但是 EA 从 L2 中的 36.22%（约 12.7 mg/g）增加到 L2+中的 55.77%（约 24.6 mg/g），推测高温（121 °C）后 EA 的增加是水解单宁解聚为小分子导致 TPC 变化的主要因素。相比之下，L2+中只有 26.45% 的 Q3G（约 11.7 mg/g），而 L2 有 40.48%（14.2 mg/g）。与 L2 组相比，L2+的黄酮醇苷（芦丁、K3R 和 K3G）降低了 6.32%～32.43%。推测高温（121 °C）提供了一个分子级联式解聚和降解的条件，譬如儿茶素（C）和表儿茶素（EC）的增加可能来自原花色苷 B1 的解聚，原花色苷 B1 来自非水解单宁，EA 来自水解单宁和 EA 衍生物；槲皮素和山奈酚来自各种黄酮醇苷。该系统中不涉及加酸水解，单醇的高温（121 °C）条件比有酸的高温（121 °C）条件温和，可以保持一定的 EA 和 Q3G 平衡，否则系统中只剩下含有 82%EA 和 16%槲皮素的水不溶性沉淀，而不是水溶性 EA、Q3G 和其他多酚。

表 5-7 叶片提取物中 12 种多酚成分分析

序号	保留时间	化合物英文名	分类	Mass (m/z) [M-H]⁻	Fragments	L μg/g 干重	L2 μg/g 干重	L2+ μg/g D 干重	Multiplier[a] (%)	Multiplier[b] (%)
1	2.49	chlorogenic acid (CA) 绿原酸	Polyphenol	353.089 3		229.37±10.66c	1 458.36±120.35c	1 321.60±65.23b	535.80	(9.38)
2	2.63	(+)-catechin (C)儿茶素	Flavan-3-ol	289.073 0		19.32±1.13a	23.20±3.25a	60.03±0.28b	无	158.75
3	2.69	brevifolin carboxylic acid (BCA) 短叶苏木酚酸	Polyphenol	291.013 5	247.024 9	54.27±2.74a	1 499.17±45.69c	1 341.53±110.23b	2 662.63	(10.52)
4	2.74	proanthocyanidin B1 (B1) 原花青素 B1	Flavan-3-ol	577.137 6	289.073 1	35.25±2.27a	35.75±3.93a	44.67±9.85b	无	24.95
5	3.91	(-)-epicatechin (EC)表儿茶素	Flavan-3-ol	289.073 0		40.36±3.64a	41.65±8.66a	109.42±83.09b	无	162.68
6	5.31	ellagic acid (EA) 鞣花酸	Polyphenol	300.999 8		1 941.15±59.94a	12 692.85±666.32b	24 603.89±203.62c	553.88	93.84
7	6.01	quercetin-3-O-rutinoside (芦丁) (Q3G)	Flavonol	609.112 5	301.036 7	1 183.19±28.99a	4 840.48±192.12c	3 270.89±113.77b	309.10	(32.43)
8	6.36	quercetin -3-O-glucuronide (Q3G) 槲皮素-3-O-葡萄糖醛酸苷	Flavonol	477.069 4	301.036 5	4 988.12±81.28a	14 184.50±18.79c	11 666.88±912.39b	184.37	(17.75)
9	6.92	kaempferol-3-O-rutinoside (K3R) 山奈酚-3-O-芸香糖苷	Flavonol	593.132 4	285.041 4	305.30±10.39a	1 379.20±92.48c	1 087.84±10.34b	351.75	(21.13)
10	7.16	kaempferol 3-O-glucoside (K3G) 山奈酚-3-O-葡萄糖苷	Flavonol	447.095 1	285.040 7	45.48±4.12a	224.48±2.36b	228.04±3.56b	402.37	(6.32)
11	9.40	quercetin 槲皮素	Flavonol	301.035 4		5.64±0.52a	111.90±12.59b	1 578.96±183.09c	1 884.10	1 311.08
12	10.26	kaempferol 山奈酚	Flavonol	285.040 5		1.26±0.11a	7.14±0.89b	136.03c	466.46	1 806.20
		总酚				8 619.34	35 044.32	44 114.18	306.29	25.94
		EA/总酚 (%)				22.52	36.22	55.77		
		Q3G/总酚 (%)				57.87	40.48	26.45		
		(EA+Q3G)/总酚 (%)				80.39	76.70	82.22		

注：（ ）表示减少的倍数。根据多因素方差分析 Duncan's 检验，同一行上，相同字母表示没有显著性差异 (p > 0.05)，不同字母表示有显著性差异 (p < 0.05)。增加倍数 Multiplier[a] = (L2 -L)/L×100，增加倍数 Multiplier[b] = (L2+ -L)/L×100.

5.3.2　小鼠分组

8 周大的无病原 ICR 雄性小鼠，每只体重 20.0±1.0 g，所有小鼠均在 22±1 ℃ 的 12 h：12 h 明暗循环室内饲养。第一阶段：适应 3 天后，40 只小鼠随机分为 4 组（每组 10 只）：对照组（CON 组，仅生理盐水）、L 组、L2 组和 L2+组。L、L2 和 L2+分别含有约 15%、50% 和 55% 的没食子酸当量多酚。灌胃给药，每只小鼠每天 200 μL 溶液（即 2.0 mg/每只小鼠 20 g，相当于 100 mg 粉末/kg/天）。L，L2 和 L2+粉剂以 10 mg/mL 的浓度溶于 100 ℃ 沸水中。第二阶段：适应 3 天后，40 只小鼠随机分为 4 组（每组 10 只）：对照组、0.5%果胶+0.5%海藻酸钠组（PA 组）、L2 组、L2+0.5%果胶+0.5%海藻酸钠组（L2/PA 组）。对照组（仅生理盐水）、PA、L2 和 L2/PA 组，L2 的浓度、灌胃量和配药方式与第一阶段相同。所有样品均在生理盐水（0.9%生理盐水）中制备，收集心脏、肝脏、脾脏、肺、肾脏、睾丸和脂肪并称重。所有动物实验均按照我国实验动物国家标准批准的程序进行。

5.3.3　第一阶段给药对小鼠的耐力和身体变化

身体质量指数（BMI，Body Mass Index）是国际上常用的衡量人体肥胖程度和是否健康的重要标准，主要用于统计分析。体重指数 BMI=体重（kg）/身高的平方（m²），用于表征小鼠时，身高不包括尾长。肥胖率（Adiposity percentage，API，%）等于脂肪组织（皮下、附睾和腹部）除以体重乘以 100。力竭时间以小鼠负重 6%游泳，口鼻没入水面以下 8 s 停止计时（详见 7.13）。实验期间没有小鼠死亡或出现明显疾病。灌胃前后小鼠各项指标见表 5-8。四组在力竭时间、最终体重、睾丸、肥胖指标（BMI 和 API）等方面存在显著性差异（$P<0.05$），其他心、肝、脾、肺和肾相对质量上无显著性差异（$P<0.05$）。

两周后，与对照组和 L 组相比，L2 和 L2+组的最终体重、API 和 BMI 显著降低（$P<0.05$），说明树莓叶或提取物对小鼠身体指标有影响，并且有剂量依赖性。而 L、L2 和 L2+组的睾丸明显大于对照组（$P<0.05$），说明树莓叶及其提取物摄入对睾丸有正向影响，这与《中国药典》中描述的覆盆子幼果功效："益肾、固精、缩尿"有相近之处。据报道，对照等热量饮食，含冻干树莓的等热量饮食有效提高了小鼠的抗氧化能力，降低了血浆中白介素（IL）-6 含量（$P<0.05$）。但是在体重指数、API 和心脏、肝脏或肾脏的质量方面，含树莓提取物组和对照组之间没有差异，这也与我们的结果有相似之处。其他研究显示，树莓汁和果泥浓缩物以及 EA+树莓酮（RK）的组合可降低高脂肪喂养小鼠的体重增加。

表 5-8　L、L2 和 L2+对小鼠体重和运动能力的影响

指标	对照	L 组	L2 组	L2+组
力竭时间（min）	51±4.61a	59±1.30a	102±4.71b	100±6.05b
起始质量（g）	20.42± 1.73	20.77 ±1.48	20.02±1.80	20.09±1.79
最终质量（g）	29.87±3.38 b	30.48±2.81b	26.31±3.35 a	23.93±4.05a
BMI	3.087±0.470	3.222±0.302	2.945±0.327	2.811±0.482
API（%）	1.84±0.79 b	2.02±0.44 b	1.12±0.61a	0.80±0.48a
相对睾丸（%）	0.65±0.14a	0.76±0.17ab	0.85±0.13b	0.81±0.19ab
相对心脏（%）	0.63±0.09	0.66±0.05	0.63±0.10	0.70±0.35
相对肝脏（%）	6.08±0.80	6.28±0.60	6.10±0.80	6.07±0.80
相对脾脏（%）	0.33±0.11	0.37±0.10	0.38±0.23	0.40±0.13
相对肺（%）	1.01±0.25	1.01±0.17	1.16±0.14	1.26±0.56
相对肾脏（%）	1.68± 0.30	1.79±0.30	1.50±0.22	1.59±0.39
肠道胀气	0	0	1	2

注：相对质量，如相对睾丸（%）=（睾丸质量（g）/ 最终质量（g））×100。根据多因素方差分析 Duncan's 检验，同一行上，相同字母表示没有显著性差异（$P>0.05$），不同字母表示有显著性差异（$P < 0.05$）。

5.3.4　第二阶段给药对小鼠耐力和身体的影响

海藻酸钠和果胶都属于可溶的膳食纤维，已被用作止血剂来治疗胃溃疡引起的胃肠道出血。为了解决大剂量提取物摄入可能引起的胃肠道反应，将果胶+海藻酸钠与提取物一起制成凝胶食品。结果表明，与对照组相比，PA、L2、L2/PA 组的力竭时间明显延长，最终体重、API、BMI 均显著降低（见表 5-9）。值得注意的是，L2/PA 的凝胶混合物不仅维持了 L2 对睾丸生长的有益作用，而且可能解决了胃肠道反应的问题。与对照组相比，L2/PA 组给药前后体重保持不变，PA 和 L2 组体重增加减少。我们推测，果胶和海藻酸钠形成的凝胶可能有助于胃肠道表面形成保护膜，并减少高剂量药物造成的直接黏膜损伤。非甾体消炎药（如吲哚美辛、双氯芬酸和 loxoprofen）由于对胃肠道和肾脏的严重不良反应，限制其临床应用。然而，有研究通过喂食含 5%（w/v）海藻酸钠的 CE-2 粉末和含 1%～10%（w/v）果胶的常规饮食，这些药物引起的小肠损伤得以恢复和抑制。此外，钙凝胶海藻酸钠果胶饮料可以提供饱腹感，以减少不节食的超重和肥胖妇女的能量摄入。有研究在对 30 名健康志愿者的评估中，与对照组相比，摄入凝胶状果胶后，食欲下降，胃排空率延长。因此，树莓叶提取物与果胶和海藻酸钠的胶凝混合物有望进一步开发成为减肥食品。

表 5-9 L2、PA 和 L2/PA 对小鼠体重和运动能力的影响

指标	对照	PA 组	L2 组	L2/PA 组
力竭时间（min）	49±1.16 a	105±9.11b	117±10.951b	110±7.34b
起始重量（g）	20.95± 2.18	19.95±1.65	20.66±1.84	20.79±2.65
最终重量（g）	31.81±3.96c	25.18±2.50b	24.40±1.26b	20.85±3.05a
BMI	3.17±0.70c	2.816±5.67b	2.745±0.327b	2.652±0.61a
API（%）	1.78±0.79 b	1.57±0.44ab	1.34±0.61a	1.25±0.48a
相对睾丸（%）	0.70±0.14a	0.77±0.17a	0.88±0.13b	0.95±0.19b
肠道胀气	0	0	1	0

注：PA：果胶和海藻酸钠。根据多因素方差分析 Duncan's 检验，同一行上，相同字
母表示没有显著性差异（$P<0.05$），不同字母表示有显著性差异（$P<0.05$）。

5.3.5 小结

本研究虽未具体探讨树莓叶粉或提取物对小鼠食物摄入量、体重、BMI、API 和睾
丸的作用机制，但根据目前的研究结果，可以得出以下结论：（1）树莓叶和提取物中
含有大量的多酚，三种样品的总多酚含量增加如下：液质联用法 L（8.6 mg/g）< L2
（35.0 mg/g）< L2+（44.1 mg/g），与福林酚法 L（144.17 mg/g）< L2（503.74 mg/g）< L2+
（540.32 mg/g）趋势相同，其中最重要的化合物是 EA 与 Q3G，二者相加超过 75%。（2）
树莓叶提取物的摄入有助于减少 API 和体重的增加，增加睾丸质量，延长力竭时间；
高剂量组可能诱发胀气。（3）果胶+海藻酸钠+L2 的凝胶混合物不仅减轻了直接摄入提
取物引起的肠道胀气，而且维持了小鼠体重。因此，树莓提取物可以作为多酚的理想
天然来源，并可进一步开发设计为营养补充剂。

6 树莓提取物的应用

树莓果实的营养价值和药用价值极高，被称为"生命之果"。但是树莓成熟后极易腐烂，采摘下来的果实两小时内就会发生大部分营养成分的流失，而且贮藏、运输困难。树莓产业的发展大大依赖于后期加工，除了果汁、果酒、果酱、果粉的粗加工，树莓相关的各类提取物的开发和利用将大大提高树莓的综合利用度，提高附加值，且同时兼顾环保与安全。

6.1 植物提取

6.1.1 植物提取的相关基本概念

◆ 植物提取技术：解决如何从植物到植物提取物的技术问题，通用工艺包括：提取（热回流提取、索氏提取、渗漉、冷浸、超声、微波等）、浓缩（薄膜浓缩、减压浓缩等）、蒸馏（水蒸气蒸馏、真空蒸馏等）、萃取、分离（离心、过滤等）、纯化（大孔树脂吸附、工业色谱层析、分子蒸馏等）、干燥（热风干燥、真空干燥、喷雾干燥、冷冻干燥等）等。

◆ 植物提取物：以植物为原料，根据最终产品的用途需要，按照上述提取工艺，定向获取或富集植物中的某一种或多种有效成分，不改变其有效成分结构而形成的产品。早期的中药制品，如"浸膏""流浸膏"，就是植物提取物的一种类型。随着新技术的使用，提取物种类的增加，此概念不断充实，已经不仅仅应用于药品标准中。可根据提取物分离的成分不同，分为苷、酸、多酚、多糖、萜类、黄酮、生物碱等；也可根据提取物性状不同，分为植物油、浸膏、粉、晶状体等。

◆ 植物提取工程：生物工程学科的一部分，是应用生物学、药学、化学、工程技术等学科的交叉渗透的产物；是以生物技术研究成果为基础，按照人类需要，利用、改造和设计天然植物活性成分，从而经济、有效、规模化地制造各种产品。

◆ 植物提取产业（植提业）：随着工农业迅猛发展和人们生活水平的不断提高，植物天然产物提取利用备受关注，特别是20世纪后期，欧美等发达国家开始重视化工合成产品的副作用，掀起了回归自然的潮流。植提业逐步成为食品、医药、保健品和化妆品等行业的新兴"姐妹"产业，既能配合工农业生产，成为"变废为宝，吃干榨尽"的辅助行业，也能成为类似中药提取物、叶黄素、辣椒红、甜菊糖和番茄红素提取物等大宗商品的独立行业。植提业还包括种质培育、产业化种植、原料提取、研究开发、产品生产和营销。

◆ 大健康产业：根据时代发展、社会需求与疾病谱的改变，提出的一种全局的理念。21 世纪以来，发达国家和包括我国在内的部分发展中国家，已经脱离贫困和基础医疗困境，逐渐把大量的社会资源和医疗资源投入各类亚健康人群、慢性病（心脏病、心肌梗死、高血压、糖尿病等）和重大流行病事件上，提倡关注各类影响健康的危险因素和误区，提倡自我健康管理，不仅追求个体身体健康，还包含精神、心理、生理、社会、环境、道德等方面的完全健康。大健康产业围绕人们期望的"生得优、活得长、不得病、少得病、病得晚、走得安"的健康核心，按照"生、老、病、死"四个阶段进行相关产业区分。也可以按照大健康业态进行区分，以"健康管理、医疗医药、康复智能、养老养生"四个维度来进行区分。2010 年美国用于健康产业方面的支出达 2.6 万亿美元，占到 GDP 的 17.6%左右，而我国健康产业支出总额为 3 千亿美元，仅占 GDP 的 5.1%。我国居民在保健品支出方面，呈现快速增长的趋势，但相较于发达国家，我国居民用于保健品的支出仍处于较低水平。据预测，2020 年我国健康产业规模将达 8 万亿元。可见，以延缓衰老、防范疾病、维护健康为目标的产业，如保健品、功能食品、安全用水、健康饮品为主体的健康产业具有广阔前景。

◆ GMP（Good Manufacturing Practices），即"生产质量管理规范""良好作业规范"或"优良制造标准"。GMP 是一套适用于制药、食品等行业的强制性标准，要求企业从原料、人员、设施设备、生产过程、包装运输、质量控制等方面按国家有关法规达到卫生质量要求，形成一套可操作的作业规范，帮助企业改善企业卫生环境，及时发现生产过程中存在的问题，加以改善。简要地说，GMP 要求制药、食品等生产企业应具备良好的生产设备，合理的生产过程，完善的质量管理和严格的检测系统，确保最终产品质量（包括食品安全卫生等）符合法规要求。

◆ GAP（Good Agricultural Practices），即"良好农业规范"。从广义上讲，良好农业规范作为一种适用方法和体系，通过经济的、环境的和社会的可持续发展措施，来保障食品安全和食品质量。它是以危害预防（HACCP）、良好卫生规范、可持续发展农业和持续改良农场体系为基础，避免在农产品生产过程中受到外来物质的严重污染和危害。该标准主要涉及大田作物种植、水果和蔬菜种植、畜禽养殖、牛羊养殖、奶牛养殖、生猪养殖、家禽养殖、畜禽公路运输等农业产业等。

◆ 原料药：用于生产各类制剂的原料药物，是制剂中的有效成份，由化学合成、植物提取或者生物技术所制备的各种用来作为药用的粉末、结晶、浸膏等，但病人一般无法直接服用。

◆ 对照品：用于鉴别、检查、含量测定和校正检验仪器性能的标准物质。通常在植物提取物含量的液相、液质、气相、气质等的研究中使用。

◆ 标准品：用于生物检定、抗生素或生物药品中量或效价测定的标准物质，以效价单位（U）表示。经常与对照品混淆。

6.1.2　提取物行业发展的现状

提取物国际市场是个充满活力、不断成熟的市场，主要包括欧盟、美国、日本、韩国和我国等国家或地区。

美国是植物提取物的消费大国，植物药原料有 75%依赖于从国外进口，一直保持全球约 1/4 的进口市场份额，主要是银杏、贯叶连翘、刺五加、当归、人参等草药制成的提取物。美国《食品大全》曾对 2 000 家健康食品店进行调查，结果表明以提取物作为使用类型的占 7.4%。

欧洲有数百年植物药使用历史，其地位与化学合成药物完全相同，亦被列入处方药与 OTC 药物的范围，严格管制。德国汉堡是欧洲乃至全球的植物药贸易中心，植物药种类多达 500 ~ 600 种，在世界植物药市场上举足轻重。德国的医学院均开设有关植物药的课程，德国更规定医学院学生必须通过植物药的考试，80%的执业医生会给患者开植物药处方，大都具有植物药的知识，医疗保险机构准许保险人报销植物药的费用。所有这些，导致植物药在欧洲的使用非常普遍，市场亦十分成熟。

日本约用 15 年时间完成了汉方药制剂生产的规范化、标准化过程，是除我国以外系统地完成了汉方药制剂生产的国家，大大提高了汉方药制剂的质量，推动了植物药的发展，是仅次于美国和德国的第三大植物提取物进口国。

据统计，2009 年我国植物提取物出口总额达到 6.6 亿美元，主要出口市场是日本和美国，对印度和马来西亚的出口增长较快。2017 年出口总额达到 17.78 亿美元，每年约有 12%的增幅。我国 2017 年植物提取物市场总规模高达约 219 亿元，比同年上涨了 24.67%，产量高达约 13.94 万吨，比同年上涨了 2.76 万吨。植物提取物行业发展迅速，甚至超越了药品行业。我们应该利用中医中药理论优势，植物资源优势，在经济全球化这个大的市场中，规范市场、制定标准，更好地发展我国的植物提取行业，更好地服务于人民健康和国民经济。

6.1.3　提取物行业发展的方向

1. 加快中医药理论发展和植物提取物产品研发速度

植物提取物行业的蓬勃发展是多学科多领域共同发展的结果，目前最重要的研究内容是如何将基础研究与应用研究结合起来，助力产业发展。有不少可以借鉴的成功案例，例如，有关饮用红葡萄酒减轻法国人高脂、高蛋白食品摄入带来的心血管病、糖尿病的危害的研究结果，大大推动了与葡萄相关的产品（葡萄酒、葡萄皮提取物、葡萄籽提取物、葡萄籽油）的全球流行。东方人喜爱的大豆制品因其不断发现的营养价值、功能性质，促进了大豆提取物市场的兴起。我国的中医中药长久以来承担了占全球 1/5 人口的健康医疗问题，对世界范围内疾病预防和治疗都起到了重要作用，越来越受到研究学者、企业和政府的关注和重视，如何将这些人类智慧的精髓开发出来，助力我国乃至世界植物提取行业的发展，唯有将传统中医药理论与现代医药技术相结合，加速植物提取产品的研发投入，提高研发速度。

2. 加大植物提取物工艺技术创新力度

随着被提取植物的种类和来源不断扩大，需不断优化与创新植物提取工艺，一方面可降低企业成本，提高企业竞争力；另一方面可生产出安全性好、质量更高的植物提取物。

3. 植物提取物行业应该形成产业链发展

植物提取物产业发展的终端是对接大健康产业和化妆品产业。具体来说将植物提取物制备成植物药、保健品、膳食补充剂、饮料、食品添加剂、日用品、化妆品等产品。终端产品的利润空间大，但是市场风险也大，必须基于良好的研究成果和高效的提取工艺，以及从产品源头开始，包括植株的选育和无污染有机种植等原材料的安全保持才能有市场竞争力，所以植物提取行业发展的下一个阶段是形成完整的产业链。

4. 制定行业标准，规范市场，增强国际竞争力

我国的植提行业一直存在良莠不齐和以次充好的现象，缺少国际竞争力，这与我国没有完备的行业标准有关。譬如，银杏提取物[Ginkgo Biloba Extract（GBE）]的质量标准目前国际上认同德国提出的标准，即：黄酮醇甙含量≥24%，银杏内酯≥6%，白果酸<10^{-6}。缺乏行业标准、国家标准、检测标准，无法可依，会造成植提行业发展混乱，恶性循环。因此国家应该尽快完善各类标准制定，推动植提行业的规范化发展。

6.2　树莓提取物的应用

掌叶覆盆子虽然收载于《中国药典》，但就分析化学和药理学的研究结果来看，树莓根、茎、叶和果实主要富含多酚和黄酮，特别是鞣花酸和花色苷，具有非常高的抗氧化能力、抗炎和抗癌作用，但是它没有类似于青蒿中的青蒿素、贯叶连翘中的金丝桃素这类兼顾独特性和特异药理活性的化合物，所以在大宗中药提取物交易记录中鲜有树莓提取物。但是，多项研究显示树莓提取物具有抗肿瘤、抗氧化等多种药理活性。将黑树莓提取物与药学上的赋形剂混合发明了一种临床可接受的抗肿瘤制剂，用于胃癌的治疗，有着非常显著的效果。基于 MDA-MB-231 细胞模型发现 Q3G（树莓果叶中的特征性化合物）可以通过阻断 b2-肾上腺素信号转导，抑制由去甲肾上腺素升高引起的人乳腺癌细胞侵袭。有研究还发现富含多酚的覆盆子提取物能够体外抑制人宫颈癌（HeLa）细胞增殖。我们的研究发现生长季末期的树莓叶片中远志酸和积雪草酸等萜类物质有增加的趋势，而对小鼠记忆障碍的研究已经证实远志酸可以保护神经系统。我们还发现树莓叶片提取物能够控制小鼠体重。

因此，树莓保健品的开发可能成为树莓提取物的应用方向之一。保健品是保健食品的通俗说法。GB16740-97《保健（功能）食品通用标准》第 3.1 条将保健食品定义为："保健（功能）食品是食品的一个种类，具有一般食品的共性，能调节人体的机能，

适用于特定人群食用，但不以治疗疾病为目的。"所以在产品的宣传上，也不能出现有效率、成功率等相关的词语。保健食品的保健作用在当今的社会中，正逐步被广大群众所接受。保健品是我国大陆的一般称呼，在我国港澳台地区以及国外一般称之为膳食补充剂（Dietary Supplements）。但是，美国制定的《饮食补充剂健康和教育法》中对"饮食补充剂"的定义包括了"草药或其他植物"以及其"任何浓缩物"，确定了植物提取物作为饮食补充剂的合法地位。欧美先进国家的提取物标准基本与药品或食品的标准相类似，一般分为产品的功能性描述和产品的安全性描述两个方面，前者以产品的药效物质基础的表达为主，后者以卫生学和有害物质的控制为主要内容。

6.2.1 树莓保健（功能）食品的开发

树莓因其营养价值高、功能性强，可提取食用天然色素等多种提取物等原因，在俄罗斯、日本、美国等发达国家享有盛誉，并正日益走入国人视野，市场前景看好。我国正在实施"健康中国 2020"战略规划，健康消费将成为未来家庭消费的重要增长点，健康市场将迎来爆发式增长。以树莓为中心的大健康产业研究，相继出现在河南新乡市和河北邢台市等地的十三五年度规划纲要中，山西阳泉地区也从 2013 年开始大面积种植，树莓在我国中部地区也开始逐渐得到较大发展。

目前全球最大营养膳食补充剂集团 NBTY 旗下经典品牌美国自然之宝（Nature's bounty），利用先进工艺精炼萃取，开发了树莓酮提取物胶囊，宣称每粒富含植物燃脂因子——树莓酮高达 100 mg，相当于 90 磅新鲜红树莓，每日 2 粒即可满足身体需求。树莓鲜果提取物含有大量花色苷，不仅可作为天然的食品着色剂，还可制成能够对人眼视力起到保护作用和缓解眼睛疲劳的片剂、胶囊以及冲剂等功能性食品。也有将覆盆子提取物与甘草提取物等成分一起制成功能性饮料，能够达到解酒护肝的作用。国内的许多知名品牌相继推出了树莓相关产品，蒙牛、伊利等奶制品公司推出树莓酸奶，好丽友、奥利奥和康师傅都推出了树莓派和树莓饼干，乐天推出了树莓口香糖等。

但是由于树莓的种植面积有限，果实娇贵，采收人力成本大，在我国植物提取物产品中，不论是树莓粉还是树莓提取物还比较鲜见，但是有桑葚粉、桑叶提取物、蓝莓提取物、蔓越橘提取物、山楂提取物等类似的药食同源浆果提取物。相信不久的将来会有更多的树莓植提产品出现。

据统计 2013 年世界果汁的销售总量为 390 亿升左右，人均饮用量为 10 L 左右，但是我国人均果汁饮用消费量却只有 1 L，国内的果汁市场消费还有很大的市场空间和发展潜力。树莓属于出汁率最高的水果之一，树莓果实出汁率高达 60～70%，成熟树莓果实的糖酸比为 2.5～4.5，口感偏酸。在国际市场，消费者看重的是树莓的营养价值，而国内市场更注重树莓的口感，老人和孩子一般喜欢甜度高的饮品，因此无论是树莓果汁，还是树莓提取物食品的加工过程中应该考虑到我国消费者的口感需求，适当地调甜，以增加树莓在国内市场的占有率。

6.2.2 树莓保健化妆品的开发

树莓中含有丰富的花色苷、鞣花酸、树莓籽油和少量挥发性精油，具有独特的香味，将树莓提取物添加到人们日常使用的化妆品中已经引起人们的关注。部分品牌的树莓相关化妆品统计见表 6-1。

日本资生堂推出具有保湿功效的树莓香唇膏；英国美体小铺（THE BODY SHOP）研发出树莓滋养霜，具有保湿抗皱等功效；而印度尼西亚的 HARMONY 将树莓精华添加至香皂中制成乐维亚树莓奶酪香皂深受广大消费者欢迎。我国的法兰琳卡（FRANIC）推出的覆盆子黑面膜在市面上销售甚好；相宜本草也推出了树莓爽肤水——树莓润能高保湿赋活水。含有覆盆子提取物化妆品组合物的抗皱的效果，比传统的改善皮肤皱纹的产品效果更加稳定，无副作用，可见树莓在化妆品界具有广阔的应用前景。

表 6-1　部分品牌的树莓相关化妆品统计

品牌	产品名	国别	价格
资生堂（SHISEID）	树莓香唇膏	日本	80 元/4g/支
美体小铺（THE BODY SHOP）	树莓滋养霜	英国	99 元/192g
HARMONY	树莓/黑莓奶酪香皂	印度尼西亚	5 元/80g/块
诗兰	树莓/草莓保湿爽肤水	法国	145 元/400 mL
Beauty buffet	树莓膏状面膜	泰国	45 元/100 mL
天使羽翼	黑莓水润懒人睡眠面膜	韩国	85 元/80 g
法兰琳卡（FRANIC）	覆盆子黑面膜	中国	69 元/10 片
相宜本草	树莓润能高保湿赋活水	中国	50 元/150 mL

注：价格均来自阿里巴巴天猫商城。

在我国"已批准使用的化妆品原料名称目录（第一、二批）"中显示了已获批产品中树莓和树莓相关产品的最高用量及已使用化妆品原料名次目录，具体见表 6-2。

表 6-2　已使用/批准化妆品原料名称目录（树莓）

批文编号	中文名称	INCI 名
	已获批准产品中最高使用量（%）	
456	覆盆子果提取物 0.0012	*Rubus idaeus* (raspberry) fruit extract
1067	鞣花酸 0.5	Ellagic acid
	已使用化妆品原料名称目录	
02375	覆盆子提取物	*Rubus chingii* extract
02376	覆盆子果水	*Rubus idaeus* (raspberry) fruit water
02377	覆盆子果提取物	*Rubus idaeus* (raspberry) fruit extract
02378	覆盆子叶蜡	*Rubus idaeus* (raspberry) leaf wax
02379	覆盆子叶提取物	*Rubus idaeus* (raspberry) leaf extract
02380	覆盆子汁	*Rubus idaeus* (raspberry) juice
02381	覆盆子籽油	*Rubus idaeus* (raspberry) seed oil

批文编号	中文名称	INCI 名
02382	覆盆子酮	Raspberry ketone
02383	覆盆子籽油/生育酚琥珀酸酯氨基丙二醇酯类	Raspberry seed oil /tocopheryl succinate aminopropanediol esters
02811	黑莓果提取物	*Rubus fruticosus* (blackberry) fruit extract
02812	黑莓叶提取物	*Rubus fruticosus* (blackberry) leaf extract
02813	黑莓汁	*Rubus fruticosus* (blackberry) juice
02814	黑莓/覆盆子提取物	*Rubus fruticosus* / *Rubus idaeus* extract

6.3 树莓艺术香皂的制备

6.3.1 香皂的研究概况

自 1806 年，23 岁的威廉·高露洁在位于纽约的下曼哈顿荷兰大街 6 号的 2 层楼砖房中生产出第一批产品香（肥）皂至今，香皂已经走过了两百多年的历史，并且还在不断地寻找配方上和外形上的丰富变化。后期，新兴的工艺选用丙二醇取代传统工艺中的乙醇，使得生产透明香皂的生产周期大为缩短，并且提出了透明香皂的企业标准。尽管新的洗涤方式和新型洗涤产品（洗衣液、皂液、洗衣粉、洗面乳和洗面奶）的盛行，皂类产品的市场份额逐年下降，但是这种独特的固体洗涤产品，在包装成本低、漂洗次数少、性价比高、可塑性强几方面仍然具有其他液体产品不可取代的特性。

据《中国统计年鉴 2011》数据显示：一方面由于丰富的物质配给，使得青少年普遍存在皮脂腺分泌过盛，激素分泌不平衡，痘满全脸全身的皮肤问题；另一方面由于人们越来越注重仪态仪表，化妆品行业不断发展，特别是彩妆业和药妆业的发展带动了多功能卸妆产品需求的不断提高；随着不断提升的文化需求，人们的个性化、品质化、小众化的需求也越来越凸显。随着香皂配方成分复杂程度的增加，植物提取物的添加，以及造型的升级，香皂已经可以跻身顶级化妆品行列，价格增加了数十倍。我们调研了市售的多种香皂产品，价格差异很大（见表 6-3）。鉴于树莓叶片和幼果提取物中主要成分为多酚类化合物，有一定抗炎和抗氧化性，本节试图将它应用于树莓香皂中，研制树莓个性化功能香皂。

表 6-3 市售某些香皂产品情况

	品牌、价格与主要成分	外形	特点、卖点	备注
	舒肤佳：3～5 元/90 g 香精、色素、柠檬酸、基本皂基	造型圆润，符合人的手部使用	手感舒适、泡沫充足、价格便宜	低成本批量生产，因此分模线过于粗糙；走低端市场

	品牌、价格与主要成分	外形	特点、卖点	备注
	普工手工皂 蜂蜜皂：39 元/60～90 g 天然蜂蜜、甘油、皂基	普通方块造型	深层清洁、滋润光滑柔嫩	价格适中，走中高端市场
	韩国雪花秀 215 元/73 g 植物提取物添加美容香皂，配方保密	普通方块造型	纯天然，温和细腻有一定的抗炎抗菌作用，天然中药味	韩国出产的产品，走高端国际市场
	日本 DHC 透明保湿皂 128 元/90 g 乙醇、蔗糖、山梨醇、羟乙磷酸四酸钠、油酸、亚油酸、月桂酸、硬脂酸、肉豆蔻酸、异硬脂酸、蜂蜜等	微凸正圆，稍有透过放大效果，握感好	晶莹剔透、泡沫丰富、深层清洁、保湿滋润	日本出产的产品，走高端国际市场
	月光力品牌月光皂 198 元/80 g 独创界面活性剂和数十种植物精粹的完美结合。顶级美容手工皂	微凸正圆，中心有异色月亮造型。兼顾实用和艺术性	一边洗脸，一边护肤	日本出产的产品，走高端国际市场

6.3.2 树莓香皂的制备

制作树莓功能香皂的原料除了有硬脂酸、月桂酸、椰子油、棕榈油、树莓精油和碱液制备的皂化产物以外，还添加了 AES、谷氨酸钠、甘油、酒精、蔗糖、蜂蜜等，以及树莓叶片和幼果的提取物。通过不同的物料配比、皂化时间和皂化温度，研制出了不同类型香皂，以增强香皂透明度、抗菌、抗炎和滋养护理的作用。具体制作树莓香皂的简单步骤如下：将硬脂酸和月桂酸在 80 ℃ 水浴或微波蒸汽等条件下至固体溶解混匀后，得到第一物料，将事先混合温浴好的氢氧化钠、氯化钠、乙醇、甘油和部分水混合得到第二物料，然后添入第一物料，在 80 ℃ 下进行 50～70 min 的皂化反应；停止加热，待温度降到 50 ℃ 下后，将树莓提取物、树莓精油、蔗糖、蜂蜜、AES、山梨醇、谷氨酸钠和剩余水混合得到第三混合物料，添入第一和第二混合物料中继续搅拌至混匀（约 5 min）；将所得物料倒入模具中进行成型处理，得到树莓香皂初成品。将得到的成型香皂避光风干 4 天，即得树莓香皂成品。4 种树莓香皂的原料配方见表6-4。

表 6-4 4 种树莓香皂的原料配方

成分	添加量（重量份数）			
	香皂 1	香皂 2	香皂 3	香皂 4
硬脂酸	10	10	9.5	9.5
月桂酸	7	7	7.5	7.5
氢氧化钠	3	3	3.0	3.0
氯化钠	0.3	0.3	0	0
甘油	4	4	4	4.0
蔗糖	1.5	1.5	6.0	6.0
无水乙醇	7.0	7.0	9.0	9.0
AES	4.5	4.5	0	0
山梨醇	0	0	0.5	0.5
谷氨酸钠	0.5	0.5	0	0
树莓叶提取物	0.5	1.4	0.05	0.25
树莓精油	0.2	0.05	0.05	0.2
蜂蜜	0.4	0.4	0.4	0.2
蒸馏水	7.0	7.0	11	11
照片				

6.3.3 树莓香皂的检测

根据 QB/T 2485-2008《香皂》中规定的方法，对树莓香皂的理化指标进行测定，结果见表 6-5。根据检测结果，所制备的树莓香皂为 QB/T 2485-2008《香皂》中定义的Ⅱ型香皂。

表 6-5 4 种树莓香皂的理化指标结果

指标	香皂 1	香皂 2	香皂 3	香皂 4
总游离碱	0.29%	0.20%	0.28%	0.25%
游离苛性碱	0.17%	0.18%	0.17%	0.17%
氯化物	0.02%	0.03%	0.02%	0.02%
水分和挥发物	19.34%	21.52%	23.62%	22.67%

依据 GB 19877.3—2005《特种香皂》中的评价标准，特种香皂被定义为添加了抑菌剂、抗菌剂成分，具有清洁及抑菌、抗菌功能的香皂；广谱抑菌香皂是指在 0.1% 溶液、37 ℃、48 h 条件下能完全抑制金黄色葡萄球菌（ATCC6538）、大肠杆菌（8099 或

ATCC 25922）、白色念珠菌（ATCC10231）生长的特种香皂；普通抑菌香皂是指能完全抑制金黄色葡萄球菌（ATCC 6538）生长的香皂。根据 GB 19877.3—2005《特种香皂》中规定的卫生测定指标，对 4 种树莓香皂进行抑菌实验，结果如表 6-6 所示。因此，制作的 4 种树莓香皂均为广谱型特种香皂。

表 6-6　4 种树莓香皂的抑菌活性实验结果

菌种类型	香皂 1	香皂 2	香皂 3	香皂 4
大肠杆菌	√	√	√	√
金黄色葡萄球菌	√	√	√	√
白色念珠菌	√	√	√	√

注：是否抑制：抑制√，不抑制×。

6.3.4　树莓香皂的感官评价

对树莓香皂的感官指标进行测定，具体方法如下：随机抽取 15 人，组成香皂感官检测小组。组内每位成员对实验所制树莓香皂的外观、气味和使用感受进行评价，并与市售香皂进行比较。统计每位成员的检测结果，对应评价数量大的定为最终检测结果，结果见表 6-7。

表 6-7　4 种树莓香皂的感官指标

编号	指标名称		
	香皂外观	香皂气味	使用感受
香皂 1	皂体端正、色泽均匀、光滑细腻、极少量颗粒	无不良气味、有淡淡的树莓香味	泡沫丰富、清洁能力较强、洗后稍有紧绷感
香皂 2	皂体端正、颜色偏深、光滑细腻	无不良气味、有淡淡的中药香味	泡沫丰富、清洁能力较强，洗后无紧绷感
香皂 3	皂体端正、光滑细腻、对光透视有少量不溶物	无不良气味、有淡淡的树莓香味	泡沫丰富、清洁能力较强，洗后稍有紧绷感
香皂 4	皂体端正、颜色偏深、光滑细腻、无明显的杂质	无不良气味、有淡淡的药味	泡沫丰富、清洁能力较强，洗后无紧绷感

6.3.5　艺术香皂的制备

1. 直接雕刻法

该方法是直接将图案雕刻在现有的香皂上。整个过程大致分为以下几步：手工香皂制作，手绘制图（可选），CAD 制图，CAD 与 CorelDRAW 软件的文件对接，将矢量图导入文泰雕刻软件，香皂雕刻，后期处理（如图 6-1）。

在制作雕刻用皂的过程中，由于乙醇添加量过多、挥发量较少或者是皂液过稀的原因，导致皂体较软，在雕刻的过程中由于雕刻针的高速旋转而导致多处融化，使得产生的皂沫粘连在香皂表面难以除掉。国际上一般将皂的硬度用 INS 来记录，INS 值太高，皂就会像砖块一样；而 INS 值太低，皂又会太软。一般来说，INS 标准在 120 到 170 之间是合适的，因此，在香皂制作过程中需要保证香皂的硬度适中。在制作时可以添加一些椰子油、硬脂酸、牛油、羊油等饱和脂肪酸高的油脂调节皂体的硬度，但是含量一般不超过 20~30%。在融化皂液的过程中，可以延长溶解时间，这样可以使得多余的乙醇或水分得到挥发，从而达到改善香皂硬度的目的。

图案

香皂成图

图 6-1　雕刻法制备艺术香皂

2. 模具 3D 打印法

3D 打印机的使用需要与之相配套的 Magics Envision Ultra 软件。如制作山西中北大学校徽的艺术香皂，其具体步骤如下：首先用 Magics 制作中北大学校徽的三维模型，并在成型后进行修改，最终尺寸为外径 40 mm，壁厚 2.25 mm，刻痕深度 2 mm，底面厚度 3.75 mm，模具总高度 23.75 mm；接下来，选用光敏树脂为原料进行 3D 打印，得到光敏树脂模具；最后制作香皂并依次倒模脱模（如图 6.2）。皂液不能超过 70 ℃，一般为 65 ℃左右，否则树脂会变形。市场销售的各种形状的模具主要是硅胶模具，特点在于模具可重复使用，对温度的要求并不严苛（100 ℃以下即可），大规模制作成本低。但是厂家一般不接收针对性强的探索性设计模具，因此，当设计造型初步探索时，可以采用 3D 打印机技术，制作光敏树脂模具，试生产。目前使用的树脂模具的缺点在于不适宜高温皂液制作，多次使用容易变形，造价较高。

光敏树脂模具图

模具

香皂成图

图 6-2　模具法制备艺术香皂

3. 金属印章刻制法

用来刻印章的材料是多种多样的。按质地种类分，金属材料一般分为黄铜印和紫铜印、不锈钢、铝和为数极少的铅锌合金等。本节所用的金属印章材质为黄铜。该方法制成的是厚度较薄的香皂，在制作完毕后可以当作内置薄皂片嵌套在透明皂内部。如制作山西中北大学校徽图的香皂，其具体过程如下：首先制作中北大学校徽并以 jpg 的格式输入；按照图片的样子用金属印章雕刻机雕刻出校徽图案，尺寸为直径 40 mm，刻痕深度 1 mm，制备香皂。金属印章及香皂成图见图 6-3。

金属印章

香皂成图

图 6-3　金属印章法制备艺术香皂

4. 嵌套法制备

基于以上三种工艺，结合透明香皂和添加物的天然色素（紫色为人工色素），通过嵌套方式，完美实现艺术造型（如图 6-4）。

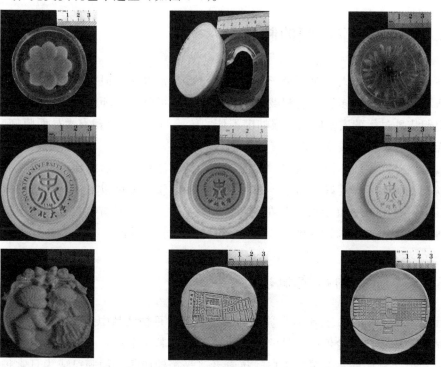

图 6-4　嵌套法制备的艺术香皂展示

艺术香皂的美观度很大程度有赖于鲜亮的色彩，黄色系和红色至黑色系的天然色素主要来源于胡萝卜中叶黄素、番茄红素和树莓提取物的适量混合，它们在香皂中有非常稳定的效果，可保持一年以上不变色。绿色可以由叶绿素提供，但是离体的叶绿素非常不稳定，容易在光照下失去电子，转为激发状态，即变为强氧化剂而被分解，有褪色现象。花色苷因为有 pH 依赖性，只有在 pH 小于 7.0 的条件下才能保持色泽，因此不适合加入 pH 大于 7.0 的香皂体系中调色。紫色给人温馨舒适柔和的视觉体验，遗憾的是并没有找到合适的可添加入香皂中的紫色天然色素，所以本节中紫色香皂均来自人工色素，为雕刻皂的图像清晰所用。

以上工艺均基于小规模的手工制皂技术，主要是为了满足人们的个性化、品质化、小众化的需求。如果针对工业化大生产，可以统一购置皂粒（或皂基），添加植物提取物后统一挤皂、压膜、生产和包装。

6.3.6　小结

急速增长的物质财富和不断发展的技术和文化，催促着洗涤、清洁、美容市场的不断细化。洗涤皂类具有性价比高和环保天然等优势；而功能皂则在配方上、造型上和包装上的不断改进，有机会角逐高端美容市场，满足小众和个性化需求。而树莓香皂及树莓艺术香皂的制备则为树莓提取物在日化品的应用提供了一种思路。

6.4　树莓水晶面膜的制备

在现代生活中，人们对面膜产品的使用已经非常普遍。但市面上常见的面膜载体存在各种问题，比如多层包装和载体本身使用后不可降解的环保问题，精华液和防腐剂可引起皮肤过敏的安全问题，服帖度不佳的体验问题，以及现有水晶面膜韧度不够、易断无法垂直提拉且成型效果不好等问题。

食品级低脂果胶、海藻酸钠、甘油、乳酸钙和温水以合适的比例和步骤，能配制出亲肤控油补水，韧度好、污染小的可食用水晶面膜，还可以辅以一定量的树莓提取物，其中富含 SOD，花色苷、鞣花酸和黄酮等活性成分，具有抗氧化、抗炎、美白、滋润等功效。为此，本节将制备一种可食用的树莓水晶面膜。

6.4.1　面膜的研究概况

面膜（Face Mask）是美容保养品的一种载体，是护肤品中的一个类别，其最基本目的是弥补卸妆与洗脸仍然不足的清洁工作，在此基础上配合其他精华成分实现其他的保养功能，例如补水保湿、美白、抗衰老、平衡油脂等。面膜已成为日常护肤必备品存在于现消费者的生活中，相关研究显示，2014 年以来，国内面膜市场规模和品牌呈现出了快速发展趋势，市面上的品牌数已经至少超过 1 000 个，市场规模已经突破百亿元。其在化妆品行业中的比例越来越大，2015 年中国面膜市场规模突破 160 亿元，2017 年突破 200 亿元，2018 年市场规模达到 226 亿元，拥有非常可观的发展前景。

面膜作用原理：利用覆盖在皮肤表皮的短暂时间，暂时隔离外界的空气与污染，提高表皮细胞的温度，促进皮肤毛孔的扩张和汗腺的分泌，有利于皮肤排除代谢产物和累积的油脂类物质，表皮细胞通过新陈代谢将面膜中的营养物质先送达真皮层细胞，再送达皮下组织，使皮肤变得柔软、自然光亮有弹性。

根据理化性质可将面膜分为软膜和硬膜；根据载体可将面膜分为膜布面膜和非膜布面膜；根据剂型可将面膜分为粉状型、剥离型、湿布型和膏状型；根据功效可将面膜分为保湿型、抗皱型、祛痘型、清洁型、美白祛斑型和紧致毛孔型等。由于膜布面膜的便捷性和低成本性，使得膜布面膜成为面膜市场的主力，主要膜布材料的优缺点统计如表 6-8 所示。

表 6-8　主要膜布材料优缺点

类型	原料	优点	缺点
无纺布	聚丙烯，人造纤维	有弹性，保温性能好，价格低	亲和力不佳，吸水性差，透气性一般，非生物源材料，环境污染度为塑料袋的 10%
纯棉纤维	通过棉花交叉铺网法制成的水刺不织布结构	吸水性好、拉伸力强、贴肤性好	棉絮可能会引起皮肤过敏
蚕丝面膜	蚕丝蛋白	吸附性好，质地轻薄，贴合度高	蚕丝面膜基布拉伸，易破，成型不佳，成本高
生物纤维素面膜	落叶树木，榉木，胶原纤维	生物可降解性，极强的吸水性，服帖性和韧性好	生产工艺复杂，成本高，要求严格，面膜灌装技术困难

非膜布面膜成膜材质的选择是面膜制备成功的关键，目前市面上常用的成膜材质主要包括四大类水溶性增稠剂：有机天然水溶性聚合物、有机半合成水溶性聚合物、有机合成水溶性聚合物、无机水溶性聚合物。这些水溶性增稠剂是面膜功效性成分的良好载体，通过成膜作用减少皮肤水分蒸发以促进皮肤水合作用，与皮肤亲和力强，同时对皮肤无刺激、无过敏，无毒性反应，属于环境友好型产品，因此也深受化妆品配方师和消费者喜爱。常见的非膜布面膜的材质如表 6-9 所示。

表 6-9　成膜材料的分类及原料

类型	原料
有机天然水溶性聚合物	黄原胶、果胶、鹿角菜胶、海藻酸钠、白芨胶浆、瓜尔豆胶、明胶、壳聚糖、胶原蛋白
有机半合成水溶性聚合物	纤维素类（如羧甲基纤维素、微晶纤维素）、瓜尔胶及其衍生物、改性淀粉类
有机合成水溶性聚合物	乙烯类（如聚乙烯醇、聚乙烯吡咯烷酮）、聚乙二醇
无机水溶性聚合物	胶性硅酸镁铝、胶性氧化硅、硅酸镁钠、膨润土

6.4.2 两种重要的成膜材料

1. 果 胶

果胶（Pectin）广泛存在于自然界中，是植物细胞壁的主要成分，自然界中果胶以下列三种形式存在：原果胶、果胶酸和果胶酯酸。它们在苹果、柑橘、木瓜、柠檬、醋栗等的果皮和种子里大量存在。商品果胶大部分来源于果汁生产的副产物——橘皮和苹果渣，利用工业方法从苹果中提取的果胶为略带黄色或浅棕色的粗粉末，无臭，口感黏滑。橘皮果胶相比颜色更浅。不同来源的果胶性质差异较大，含量也不同，如表6-10所示。

表 6-10　不同来源果胶的含量

来源	酯化度（%）	果胶得率（%）
大豆	32.0	21.4
苹果（皮渣）	74.3～81.2	13.3～13.5
芒果	73.6	12.2
柠檬（皮渣）	74.6～81.2	13.5～23.4
橙子	73.4	21.2
柑橘（皮渣）	69.4	17.6～29
梨（皮渣）	80.3	12.5
向日葵盘	<50.0	15.0～25.0
甜菜	<50.0	15.0～25.0

半乳糖醛酸含量指果胶中半乳糖醛酸的百分比，它是果胶纯度的技术指标，工业生产中果胶的最低纯度为65%。酯化度（Degree of esterification，DE）是指果胶中半乳糖醛酸残基C6位上甲酯化的百分比；酰胺化度（Degree of Amidation，DA）则是指果胶中半乳糖醛酸残基C6位上酰胺化的百分比。按其羧基甲酯化程度的高低及是否含有酰胺基，果胶可被分为高酯果胶（DE>50%，甲氧基含量>7%）、低脂果胶（（DE<50%，甲氧基含量<7%）和酰胺化果胶。此外高酯果胶根据DE大小又可分为速凝胶（DE：72～80）、中凝胶（DE：65～72）和慢凝胶（DE：54～65）。

DE是研究果胶凝胶性、流变性、黏性和乳化稳定性等重要性质的技术指标，是决定凝胶特性的主要因素，是区分凝胶机理的特征参数，也是研究果胶分子结构的必要条件。不同来源、组织部位、成熟阶段及提取方法得到的果胶DE差异较大，对凝胶流变性的影响也存在较大差异。研究表明DE对凝胶流变性等起关键性作用，因此不同类型果胶DE的快速准确测定十分重要。DE的公认测定方法为化学滴定法，此外比色法、傅立叶红外光谱法、气相色谱法、高效液相色谱法、核磁共振法、电泳法和质谱法等也被应用于DE的测定。

果胶是一种被广泛应用于医药、食品等工业的重要多糖，具有多种功能作用：其作为天然物质能够有效防止毒阳离子中毒；具有很强的吸水能力，能使人产生饱腹感，降低食品的消化率，避免过度肥胖；具有降糖、降脂和杀菌的作用；能调节体内微生物平衡，保持人体健康。果胶既能单独作为药物制剂的辅料，也能配以其他辅料共同加工制作口服液和糖浆等。在食品加工中，果胶主要作为胶凝剂加入果冻、果酱、软糖中，并且常作为增稠剂加入果汁饮料中。近年来果胶还在印染、化妆品等行业得到广泛应用。

2. 海藻酸钠

海藻酸钠（Sodium alginate），又叫褐藻酸钠、褐藻胶，是从褐藻类的海带或马尾藻中提取碘和甘露醇之后的副产物，为白色或淡黄色粉末，几乎无臭无味。海藻酸钠溶于水，不溶于乙醇、乙醚、氯仿等有机溶剂，其分子由 β-D-甘露糖醛酸（β-D-mannuronic，M）和 α-L-古洛糖醛酸（α-L-guluronic，G）按（1→4）键连接而成。在酸性条件下，-COO-转变成-COOH，电离度降低，海藻酸钠的亲水性降低，分子链收缩；pH 升高时，-COOH 基团不断地解离，海藻酸钠的亲水性增加，分子链伸展。因此，海藻酸钠具有明显的 pH 敏感性。海藻酸钠可以在极其温和的条件下快速形成凝胶，当有 Ca^{2+}、Sr^{2+} 等阳离子存在时，G 单元上的 Na^+ 与二价阳离子发生离子交换反应堆积形成交联网络结构，从而形成水凝胶。

海藻酸钠的水溶液具有较高的黏度，可被用作食品和药品的增稠剂、稳定剂、乳化剂等。它可以代替淀粉、明胶作冰激凌的稳定剂，用于酱料的增稠剂，来提高制品的稳定性质，减少液体渗出。在米粉制作中添加海藻酸钠可改善制品组织的黏结性，使其拉力强、弯曲度大、减少断头率；在面包、糕点等制品中添加海藻酸钠，可改善制品内部组织的均一性和持水作用，延长贮藏时间；在冷冻甜食制品中添加可提供热聚变保护层，提高熔点的；在凝胶食品中可保持良好的胶体形态，不发生渗液或收缩，适合用于冷冻食品和人造仿型食品。也用作片剂药的黏合剂，改善液体药的分散度。在印染工业中用作活性染料色浆。

6.4.3 树莓水晶面膜的制备

制备步骤：将低脂果胶、海藻酸钠和树莓提取物先均匀溶解于甘油中，再加入温水（>55 ℃），搅拌均匀后，倒入面膜模具中，用小玻璃棒铺展，静置 3 分钟，用小喷壶在模具表面喷洒乳酸钙溶液，静置 10 分钟即可。所用材料均为食品级，具体配方如表 6-11。

表 6-11　两种树莓水晶面膜的配方

材料（g）	面膜 1	面膜 2
低脂果胶	0.36	0.9
海藻酸钠	0.3	0.6
树莓叶提物 L2	0.1	0

材料（g）	面膜 1	面膜 2
树莓果提物 II	0	1.0
甘油	1.6	3.6
乳酸钙/氯化钙/葡萄糖酸钙	1.0	1.5
温水（>55 ℃）	60	70
水（室温）	50	70

6.4.4 面膜的理化性质和感官评价

经过检测，两种树莓面膜的 pH 都在 6.8～7.3 之间，无刺激性和异味，各个材料外观为均匀粉末，符合国家标准。

1. 油份水份控制

在皮肤水份值及油份值的变化中，水份值越高越好，油份值越低越好。以润湿的无纺布（含 2%甘油）作为对照组，随机抽取 20 人作为被测试者。将三种面膜剪成 1 cm×2 cm 小块，覆盖于被测试者左手 20 min。用数字皮肤水分检测笔测试，覆膜前后各测一次，每次选取 3 个点，检测皮肤的水份值及油份值变化，计算出平均变化量，结果见表 6-12。结果显示：水份值从高到低依次为：面膜 2>面膜 1>无纺布；油份值从低到高依次为面膜 2<面膜 1<无纺布，说明水晶面膜的补水效果和控油效果都优于无纺布对照组。

表 6-12　三组面膜的补水控油使用效果

组别	水份值/%	油份值/%
对照组（n=20）	+17	−16
面膜 1（n=20）	+23	−21
面膜 2（n=20）	+28	−24

2. 感官评价

用在线问卷调查记录以上 20 人对三种面膜的感官评价。有服帖性、舒适性、水润感、黏腻感、吸收性、气味和外观 7 个指标，雷达图从里到外分数值越高，代表该指标的满意度越好。问卷调查统计雷达图见图 6-5。从该雷达图可以清晰地看出来，面膜 2 各个指标的水平相差无几，都属于较高水平；面膜 1 各个指标略高，且线条在气味指标处凹陷下去，代表其气味不好，这可能与提取物添加量少，未能用植物自然香气遮盖海藻酸钠略带的海腥味有关；对照组面膜的线条分布不均匀，明显在舒适性、服帖性、水润感指标处凹陷下去，代表其舒适性与服帖性效果不好，水润感稍差。

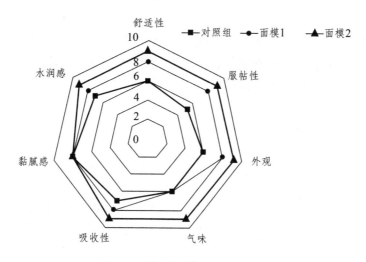

图 6-8 问卷调查统计雷达图

3. 市售水晶面膜和面膜 1 的性能比较

面膜 2 的配方剂量高于面膜 1，韧性更好。选择效果略次的面膜 1 与市售面膜相比较：55 ℃下市售面膜无法在模具中铺展成膜，无法提拉，如图 6-9（c），市售面膜只能在 >80 ℃高温水中才能配制成膜，但是高温水容易破坏面膜中有效成分，降低面膜的抗氧化、抗炎、美白等功效，而树莓面膜配方可用温水配制，具有更好的安全性和可操作性。

（a）面膜 1　　　（b）垂直提拉下的面膜 1　（c）55 ℃下温水配制的市售面膜

图 6-9　面膜成品图

面膜 1 中的主要成分 L2、果胶和海藻酸钠的混合物在小鼠灌胃给药 2 周后，未见小鼠异常和死亡，并有控制体重和延长力竭时间的良好效果，具有食用安全性（参见 5.3.4）。

6.4.5　小结

面膜已经成为日常生活中常用的化妆品之一，特别是膜布面膜更以其便捷和价廉等优点占有市场，但是膜布面膜的基材、包装、防腐剂问题，给环境和敏感肌肤造成巨大压力。本节以食品级低脂果胶和海藻酸钠为主要基材，以树莓提取物为主要功效成分，研制了一款可食用的树莓水晶面膜。该面膜具有补水控油的显著效果，透明度高，柔软服帖，韧性高。温水配制，增加了安全性和易操作性，解决目前面膜韧度差、易断、无法垂直提拉、配制水温高等问题。

7　树莓研究中常用实验方法

7.1　相关国家/行业标准

动植物油脂酸值的测定：GB/T 5530—2005/ISO 660.1996，IDT

动植物油脂碘值的测定：GB/T 5532—2008/ISO 3961：1996，MOD

动植物油脂皂化值的测定：GB/T 5534—2008/ISO 3657：2002，MOD

动植物油脂过氧化值酸值的测定：GB/T 5538—2005/ISO 3960：2001，IDT

动植物油脂折光指数的测定：GB/T 5527—2010/ISO 6320：2000

动植物油脂冷冻实验：GB/T 35877—2018

动植物油脂罗维朋色泽的测定：GB/T 22460—2008/ISO 15305：1998，IDT

动植物油脂水分及挥发物含量测定：GB/T 5528—2008/ISO 662：1998，IDT

植物油脂透明度、气味、滋味鉴定法：GB/T 5525—2008

植物油脂检验比重测定法：GB 5526-85

植物油脂加热实验：GB/T 5531—2008

树莓：GB/T 27657—2011

香皂：QB/T 2485—2008 主要包括水分和挥发物（QB/T 2623.4—2003），总游离碱（QB/T 2623.2—2003），游离苛性碱（QB/T 2623.1—2003），氯化物（QB/T 2623.6—2003）。

特种香皂：GB 19877.3—2005

面膜：QB/T 2872—2017

7.2　考马斯亮蓝法测定蛋白

1. 溶液配制

考马斯亮蓝溶液（0.01%）：精确称取 50 mg 考马斯亮蓝 G-250，加入 25 mL 95 % 乙醇溶液，再加入 75 mL 85%磷酸溶液，最后用 95%乙醇溶液定容至 500 mL，过滤或抽滤后，存放到棕色瓶中，避光室温保存 30 天。（注：配制过程中的溶液添加顺序不能改变）

标准蛋白溶液：精确称取 1.0 g 牛血清蛋白，用去离子水溶解定容到 1 000 mL，配制成 1.0 mg/mL 标准牛血清蛋白溶液。

2. 总蛋白标准曲线

分别取体积为 0，10，20，40，60，80 和 100 μL 的 1.0 mg/mL 标准牛血清蛋白于

小试管中,去离子水补至 100 μL。另取 100 μL 的去离子水作为空白试剂。每管添加 3 mL 考马斯亮蓝溶液,倒转或者摇动使其混合均匀（动作要轻,以免产生泡沫,否则重现性会降低）。混合后 5 min 到 1 h 内以标准液为空白在 595 nm 下测定样本的吸光值 A 值。浓度在 0 ~ 100 μg/mL 范围线性良好。

$$回归方程: A=0.006\ 8C+0.006\ 2 \ (R^2=0.998) \qquad (式 7.1)$$

3. 样品测定

提取液/酶液 100 μL（可根据实际情况调整）,空白对照加入 100 μL 去离子水,加入 3 mL 考马斯亮蓝 G-250 溶液,充分混合。放置 5 min 后在 595 nm 波长下比色测定吸光度,通过蛋白标准曲线获得总蛋白浓度。

4. 数据处理

$$蛋白含量（mg/g） = \frac{C}{V_1} \times \left(\frac{V}{M}\right) \qquad (式 7.2)$$

式中　$\dfrac{V}{M}$—液料比;

C—试样 A 值代入式 7.1 计算得出试样中蛋白浓度,μg/mL;

V_1—测定样品的取样量,mL。

7.3　NBT 法测定树莓 SOD 总活力

1. 溶液配制

① A 液（50 mmol/L 磷酸缓冲液）:

$Na_2HPO_4 \cdot 12H_2O$　35.8 g　溶于 500 mL 水中制成 0.2 mol/L 的溶液。

$NaH_2PO_4 \cdot 12H_2O$　15.6 g　溶于 500 mL 水中制成 0.2 mol/L 的溶液。

91.5 mL 0.2 mol/L 的 Na_2HPO_4 溶液 + 8.5 mL 0.2 mol/L 的 NaH_2PO_4 溶液混合后稀释四倍即稀释至 400 mL 得到 50 mmol/L 磷酸缓冲液。

② 0.1 mmol/L EDTA:

10 mmol/L EDTA: 30 mg EDTA + 10 mL A 液。

将 10 mmol/L EDTA 用 A 液稀释 100 倍得到 0.1 mmol/L EDTA。

③ B 液:

200 μL 0.1 mmol/L EDTA + 100 mL 50 mmol/L 磷酸缓冲液混合得到 B 液。

④ 130 mmol/L 甲硫氨酸（Met）溶液:

194 mg 的 Met + 10 mL B 液混匀,冰箱避光保存 3 个月。

⑤ 75 mmol/L 四氮唑蓝（NBT）母液:

62 mg NBT + 1.0 mL 70%二甲基亚砜（DMSO）混匀,冰箱避光保存 3 个月。

工作液：75 mmol/L 四氮唑蓝（NBT）母液用 Buffer B 稀释 10 倍，即得 7.5 mmol/L NBT 溶液，冰箱避光保存 1 周。

⑥ 20 μmol/L 核黄素母液：

22 mg 核黄素 + 10 mL B 液溶液混匀，冰箱避光保存 3 个月。

工作液：20 μmol/L 核黄素母液用 B 液稀释 100 倍，即得 0.2 μmol/L 核黄素溶液，冰箱避光保存 1 周。

⑦ C 液（反应混合液）：

在弱光或绿光环境下配置反应混合液，以每个测试反应 3 mL 计量比例为：2.5 mL Buffer B，300 μL 130 mmol/L Met 溶液，40 μL 7.5 mmol l/L NBT 工作液，100 μL 0.2 mmoL/L 核黄素工作液，现配现用。混合液配制 n+1 组，再分装 n 份。

2. 样品测定

以 2.94 mL 分装 Buffer C 于西林瓶中，加入 60 μL 提取液（酶液），对照的西林瓶中加入 60 μL 提取液，摇匀后置于 LED 灯（光强 22 000 LUX，距离 10 cm，温度 25 ℃）下进行光化学还原反应 40 min 至反应结束，空白组加入 60 μL 提取液 25 ℃ 避光反应 40 min，以此作为调零，快速测定各个小瓶在 560 nm 下的吸光度 $A_{对照}$ 和 $A_{样品}$。

3. 数据处理

$$总活力（U）= \frac{A_{对照} - A_{样品}}{0.5 \times A_{对照} \times V_1} \times \left(\frac{V_0}{M} \right) \qquad （式 7.3）$$

式中 $\dfrac{V_0}{M}$ ——液料比；

V_1——测定样品的取样量，mL。

7.4 $AlCl_3$-$NaNO_3$ 测定总黄酮含量

1. 溶液配制

10% $NaNO_2$ 溶液（m/V）：10.0 g $NaNO_2$ 用去离子水溶解并定容至 100 mL。

10% Al（NO_3）$_3$ 溶液（m/V）：10.0 g Al（NO_3）$_3$ 用去离子水溶解并定容至 100 mL。

8% NaOH 溶液（m/V）：8.0 g NaOH 用去离子水溶解并定容至 100 mL。

60%乙醇（v/v）：60 mL 无水乙醇用去离子水定容至 100 mL，或者约 64 mL 的 95%乙醇用去离子水定容至 100 mL。

2. 芦丁标准曲线

精密称取 10 mg 芦丁于 100 mL 容量瓶中，用 60%乙醇溶液稀释定容，制备标准品储备液。分别准确量取 0，1.0，2.0，3.0，4.0，5.0，6.0 mL 于 10 mL 容量瓶，加 60%乙醇溶液至 6 mL；加 10%$NaNO_2$ 溶液 0.3 mL，混匀，放置 6 min；加 10% Al(NO_3)$_3$ 溶

液 0.3 mL，混匀，放置 6 min；加 8%NaOH 溶液 2 mL，最后加 60%乙醇溶液定容至 10 mL，摇匀，放置 15 min，配制成浓度梯度标准品溶液，在 510 nm 处测其吸光度值。以芦丁浓度 C 为横坐标，吸光度值 A 为纵坐标绘制芦丁标准曲线。测定范围在 0～0.06 mg/mL 范围内线性良好。

$$回归方程：A=13.344C+0.001\ 1\ (R^2=0.999\ 6)。\hspace{2cm}（式 7.4）$$

3. 试样测定

0.3 mL 树莓提取液+5.0 mL 60%乙醇 + 0.3 mL $NaNO_2$（10%）摇匀静置 6 min + 0.3 mL $Al(NO_3)_3$（10%）摇匀静置 6 min + 2.0 mL NaOH（8%）摇匀用 60%乙醇定容至 10.0 mL 静置 15 min 后在 510 nm 处测定吸光光度值 A。空白是将提取液样品换成提取剂。树莓提取液一般减半测定，可选 5.0 mL 体系。

4. 数据处理

$$总黄酮含量（mg/g）=\frac{n\times d\times C\times V}{M}\hspace{2cm}（式 7.5）$$

式中　n—适合测定范围而稀释的倍数；

　　　d—体系中的稀释倍数；

　　　C—样液中黄酮浓度由（式 7.4）得，mg/mL；

　　　V—样液体积，mL；

　　　M—样品质量，g。

$$简化式：\quad 总黄酮含量（mg/g）=\frac{n\times 10\times C}{0.3}\times\frac{V}{M}\hspace{2cm}（式 7.6）$$

式中，$\frac{V}{M}$—液料比。

7.5　福林酚（Folin）法测定树莓总酚

1. 溶液配制

7% Na_2CO_3 溶液：7 g Na_2CO_3 用去离子水溶解并定容至 100 mL。

福林酚试剂（Folin-Ciocalteu）直接购买。

2. 没食子酸标准曲线

精密称取 50 mg 没食子酸对照品，用去离子水定容至 100 mL 容量瓶中，制成 0.5 mg/m L 的标准溶液，分别精确吸取 0、1.0、2.0、3.0、4.0、5.0 mL 的标准溶液于 10 mL 容量瓶中，去离子水定容，摇匀，配成 0、0.05、0.1、0.15、0.2、0.25 mg/mL 不同浓度的标准溶液。分别吸取 0.2 mL 标准溶液，再加入 0.3 mL Folin-Ciocalteu 试剂，充分摇匀，在 1～8 min 内加入 1.5 mL7% Na_2CO_3 溶液，混匀，去离子水 3.0 mL 定容至 5.0 mL，摇匀，30 ℃下避光反应 2 h 后，在波长 765 nm 处测定吸光度。以没食子酸浓度 C 为横坐标，吸光度值 A 为纵坐标绘制没食子酸标准曲线。浓度在 0 ~ 0.25 mg/mL 范围线性良好。

$$回归方程：A=1.808\ 9C+0.005\ 6（R^2=0.993\ 8）\qquad（式7.7）$$

3. 试样测定

取 0.2 mL 样液（稀释后）+0.3 mL 福林酚试剂+1.5 mL 7%Na_2CO_3 溶液摇匀+3.0 mL 去离子水定容到 5.0 mL，于 30 ℃ 反应 2 h，后在 765 nm 处测定吸光光度值。空白是将样品换成去离子水。树莓提取液一般用去离子水稀释 5 倍后测定。

4. 数据处理

$$总酚含量（mg/g）=nC\times\frac{V}{M}\qquad（式7.8）$$

式中　n —稀释的倍数；

　　　C —样液中总酚浓度，带入（式7.7）可得，mg/mL；

　　　V —样液体积，mL；

　　　M —样品质量，g；

　　　$\dfrac{V}{M}$ —液料比。

7.6　抗氧化活性测定

7.6.1　DPPH 自由基清除率

DPPH 是一种稳定的有机自由基，DPPH 溶液在 517 nm 附近波长处有很强的吸收峰，具有特征紫色。当加入抗氧化物质时，抗氧化剂提供的 1 个电子或者一个氢自由基会与稳定的 DPPH·电子配对，从而使 DPPH·的特征紫色变淡，抗氧化剂浓度越高，DPPH·溶液颜色越淡，因此可通过加入抗氧化剂前后，DPPH 溶液吸光度值的变化来测定物质的抗氧化能力。

1. 溶液配制

DPPH 溶液：8.1 mg DPPH 用 95%乙醇溶解并定容至 100 mL，制成 0.2 mmol/L 的 DPPH 溶液（0.008%）。可也浓度减半配置成 4.0 mg/100 mL（0.004%）。

2. 试样测定

① 取 2.0 mL 样品液与 2.0 mL DPPH 溶液混合，室温避光静置 40 min 后，在 517 nm 处测其吸光度 A 样品；

② 取 2.0 mL 60%乙醇溶液（或者无样品的溶剂）与 2.0 mL DPPH 溶液混合，测吸光度 A 对照；

③ 取 2.0 mL 样液和 2.0 mL 95%乙醇溶液混合，测吸光度 A 空白。

④ 用 95%乙醇或 95%乙醇+样液溶剂调零。

树莓提取液一般用 60%乙醇溶液（或者用相应溶剂）稀释 10 倍。

3. 数据处理

$$\text{清除率} E_{\text{DPPH}}(\%) = \frac{A_{\text{对照}} - A_{\text{样品}} - A_{\text{空白}}}{A_{\text{对照}}} \times 100 \qquad （式 7.9）$$

由于空白的数值很小，式 7.9 也可以简化成：

$$E_{\text{DPPH}}(\%) = \frac{A_{\text{对照}} - A_{\text{样品}}}{A_{\text{对照}}} \times 100 \qquad （式 7.10）$$

计算自由基清除率 IC_{50} 值时，对样品进行梯度稀释，以工作液浓度的对数为 X，清除率为 Y 作图，由图得清除率为 Y=50%时，通过公式计算出对应的样品液的浓度。

7.6.2 ABTS 自由基清除率

ABTS 在适当的氧化剂作用下氧化生成稳定的蓝绿色阳离子自由基 ABTS+·，在 734 nm 处有最大吸收，抗氧化物能够给出电子使蓝绿色的 ABTS+·褪色。因此，在 734 nm 下测定 ABTS 的吸光度即可测定并计算出样品的总抗氧化能力。

1. 溶液配制

38.4 mg ABTS 用去离子水溶解并定容至 10 mL，制成 7 mmol/L 的 ABTS 溶液。

33.1 mg 过硫酸钾用去离子水溶解并定容至 50 mL，制成 2.45 mmol/L 的过硫酸钾溶液。

取 10 mL ABTS 溶液与 10 mL 过硫酸钾溶液混合，避光反应 12～16 h，得到 ABTS 母液。

取 2 mL ABTS 母液，用 80 mL 70%乙醇稀释，再使用 70%乙醇将 ABTS 母液稀释成在 734 nm 处吸光度为 0.7±0.02，得到 ABTS 反应液（现用现配）。

2. 试样测定

① 取 1.0 mL 样品液与 3.0 mL ABTS 反应液，混匀，避光静置 6 min 后，在 734 nm 处测其吸光度 A 样品。

② 采用相同方法，取 1.0 mL 60%乙醇溶液（或者无样品的溶剂）与 3.0 mL ABTS 反应液，混合，测其吸光度 A 对照。

③ 采用相同方法，取 1.0 mL 样液和 3.0 mL 70%乙醇溶液混合，测其吸光度 A 空白。

④ 用 70%乙醇调零。

树莓提取液一般用 60%乙醇溶液（或者用相应溶剂）稀释 10 倍。

3. 数据处理

由于空白的数值很小，公式可简化成：

$$清除率 E_{\text{ABTS}}(\%) = \frac{A_{对照} - A_{样品}}{A_{对照}} \times 100 \qquad （式 7.11）$$

计算自由基清除率 IC_{50} 值时，对样品进行梯度稀释，以工作液浓度的对数为 X，清除率为 Y 作图，由图得清除率为 Y=50%时，通过公式计算出对应的样品液的浓度。

7.6.3 铁离子还原能力测定

1. 溶液配制

称取 5.1 g 醋酸钠用去离子水溶解，加入 20 mL 冰醋酸，并用去离子水最终定容至 250 mL，制成 pH=3.6 的醋酸缓冲液。

称取 31.2 mg TPTZ，用 40 mmol/L 盐酸溶液定容至 10 mL，制成 10 mmol/L 的 TPTZ 溶液。

称取 32.4 mg 氯化铁，用去离子水定容至 10 mL，制成 20 mmol/L 的氯化铁溶液。

醋酸缓冲液、TPTZ 溶液、氯化铁溶液按照 10：1：1 的比例混合，制成 FRAP 工作液（必须现用现配）。

2. 试样测定

取 4.0 mL FRAP 工作液，0.5 mL 样品液（稀释过），混匀，在 37 °C 条件下避光反应 30 min，于 593 nm 处测定其吸光度值。

3. 数据处理

① 步骤一：Fe^{2+} 标准曲线将 FRAP 的工作液的 $FeCl_3$ 溶液替换成水，分别在试管中加入 0 μL、20 μL、40 μL、60 μL、80 μL、100 μL 的 1 mM $FeSO_4$，补水至 0.5 mL，再加入 4.0 mL FRAP 工作液，37 °C 避光反应 30 min，593 nm 下测定吸光度值 A，试管中 Fe^{2+} 含量为 0～0.1 μmol，Fe^{2+} 含量 M 与吸光度值 A 之间的关系：$A = 5.745M - 0.0315$，$R^2 = 0.9997$，在 0～0.1 μmol 范围内线性良好。

② 步骤二：以 Vc 为对照品，体系中 0.05 μmol 的 Vc 在本体系中吸光度值为 0.521，即 0.5 μmol 的 Vc 铁离子还原量为 0.096 μmol，令 Vc 的 FRAP 值为 1，按照比例计算样品的 FRAP 值后，比较样品间还原能力。

7.7 花色苷和色价的测定

7.7.1 pH 示差法测定花色苷含量

1. 溶液配制

pH 1.0 缓冲溶液的配制：1.49 g KCl 用去离子水溶解后定容至 100 mL；1.7 mL 的

盐酸滴加于去离子水中，并定容至 100 mL；将上述 KCl 溶液和 HCl 溶液以 25∶67 的比例混合，调整混合液的 pH 为 1.0±0.1。

pH 4.5 缓冲溶液的配制：1.64 g NaCOOH 用去离子水溶解并定容至 100 mL，然后用 HCl 将溶液的 pH 调整为 4.5±0.1。

2. 试样测定

移取 500 μL 样液 2 份，分别用 pH 1.0 和 pH 4.5 的缓冲液定容到 5 mL，摇匀，避光平衡 100 min。以去离子水为空白，分别在 510 nm 和 700 nm 处测定吸光度值 A。

3. 数据处理

$$花色苷含量(mg/g) = \frac{A \times MW \times n \times V}{\varepsilon \times L \times M} \times 100 \qquad （式 7.12）$$

式中　$A = (A_{510nm} - A_{700nm})\,pH\,1.0 - (A_{510nm} - A_{700nm})\,pH\,4.5$；

MW —矢车菊花素 3-葡萄糖苷的分子量（449.2 g/mol）；

n —稀释倍数；

V —提取液体积，mL；

ε —矢车菊素-3-葡萄糖苷的消光系数，取 26 900；

L —光程，cm；

M —原料质量，g。

$$式 7.7 可简化为\ 花色苷含量(mg/g) = \frac{A \times 449.2 \times 10}{269\,00} \times \left(\frac{V}{M} \right) \qquad （式 7.13）$$

式中，$\dfrac{V}{M}$ 液料比。

一般以 100 g 鲜果含有花色苷的量计算。稀释倍数应根据最后的 A 值是否在 0.2～0.8 之间进行调整。树莓果实花色苷测定时，一般选择 100 μL 样液用 pH 1.0 稀释至 5.0 mL，250 μL 样液用 pH 4.5 稀释至 5.0 mL，并相应调整稀释因子。

7.7.2　色价的测定

称取树莓果渣提取物 50 mg，用 pH 为 3 的缓冲溶液溶解并定容至 100 mL，在 510 nm 波长处测定吸光度值，根据公式 7.14 计算提取物中花色苷的色价 $E_{1\,cm}^{1\%}$。

$$E_{1\,cm}^{1\%} = \frac{A \times n}{M} \qquad （式 7.14）$$

式中　A —吸光度值；

n —稀释倍数；

M —取样质量，g。

7.8 花色苷提取扩试实验

7.8.1 榨汁

果实+果汁：50 kg；果胶酶：0.1~0.5%果胶酶。

离心：三足离心机1 000 rpm×10 L×10 min，刮壁去植物残渣，每20 L离心3-5次。

注：离心布>4 000目，可用84消毒剂配合洗涤脱色。

抽滤：离心抽滤收集后准备过柱。

7.8.2 过柱

上样柱 Φ10 cm×高87 cm；

计算实际柱体积 V=3.1415×5 cm×5 cm×87 cm=6.87 L；

经验估算柱体积 V=6.87 L×0.75=5.124≈5 L=1 BV。

10 L（2 BV）酸性去离子水洗柱子（3.0 mL HCl/10 L，下同），快流速，不计滴，水洗从黄色至无色。

上样：先上二次提取液，再上原汁液体，无柱堵现象，每20滴/min~60滴/min~150滴/min，流出液从无色液体到白色乳浊液，未见饱和。

洗糖：酸性去离子水15 L（3 BV），快流速，不计滴。

洗脱：45%~60%酸性乙醇洗柱共计32 L（≈6 BV），前25 L（5 BV）正常红色，后5 L（1 BV）为黄红色液体，分开保存。

渗漏点：流出液目标物（如花色苷）浓度为上样前浓度的1/10时停止吸附。

$$P_{吸附} = \frac{V_1 \times P}{V_2}$$（式7.15）

式中 $P_{吸附}$—树脂吸附质量浓度，mg/mL；

　　V_1—泄露点前上样体积，mL；

　　P—上样质量浓度，mg/mL；

　　V_2—树脂体积，mL。

7.8.3 旋转蒸发

前30 L洗脱液于37 ℃旋转蒸发至8~10 L，之后于50 ℃旋转蒸发3.0 L。3.0 L浓缩液喷雾干燥成粉约60 g，得率2.2%；若冷冻干燥，冻干粉得率为3.6%。

7.9 药物抑菌实验

7.9.1 实验菌种的准备

以大肠杆菌为例：

方法 1：在无菌操作台中取一支-80 ℃ 保存的甘油菌，解冻后注入已灭菌的 50 mL LB 培养液中，37 ℃ 震荡培养过夜。再取菌液 1.0 mL 加入新的 50 mL LB（接种比例在 1：50～1：100）培养液培养 12 h。取适量的菌液稀释至在 600 nm 下吸光度值为 0.2 的浓度（稀释到浓度为 1.0×10^6 CFU/mL），以此浓度的菌液为实验菌液。

方法 2：在平板上选取一个单克隆，在含有 1 mL 培养液的 10 mL 试管（加灭菌棉筛）里 37 ℃ 震荡培养过夜。再以 1：50～1：100 比例扩大培养至需要的量和浓度（OD_{600nm}=0.2）。

7.9.2 最小抑菌浓度（Minimal Inhibitory Concentration，MIC）

药品用 LB 培养液溶解，可用少量乙醇或<2%的 DMSO 助溶，经 0.22 μm 滤膜过滤除菌，然后用二倍稀释法将总药液依次稀释成连续的药液浓度梯度。用排枪将药液培养基分装于 96 孔细胞培养板中，每个药液浓度设置 3-4 个重复，再在每个孔中加入等量的菌液，在 37 ℃ 培养箱中培养 18～24 h 后，观察培养结果。在 96 孔板上找到澄清透明（或者未浑浊）的孔，此孔所对应的药液浓度即为药液的最低抑菌浓度 MIC。也可以通过平板菌落法筛查没有长菌的平板的药液浓度来确定 MIC 值。

7.9.3 配伍抑菌实验

1. 实验设计

通过部分抑菌浓度指数（FICI 值）可以判断两个药剂或多个药剂之间是否存在协同、加和与拮抗。以两个药剂为例：

为方便进行数据分析，实验可把需要进行配伍的药品以单独作用时的最低抑菌浓度值为起始浓度，依次稀释至 1/5，1/10，1/20 的浓度，再相互配伍，获得配伍实验数据表。排列如表 7-1。实验位置为 96 孔细胞培养板的第一排即 A1-A12。先将 A 药液按浓度递减的顺序加入 A1-A3（1/5 浓度 MIC），A5-A7（1/10），A9-A11（1/20）。然后将 B 药按浓度递减的顺序加入 A1、A5、A9（1/5），A2、A6、A10（1/10），A3、A7、A11（1/20）。A4 为 A 药 MIC，A8 为 B 药 MIC，A12 空置。实验设置四组，其中两组加菌液为实验组，两组为不加菌的对照组。每个 96 孔板可同时排布两组配伍实验。

表 7-1　药品配伍实验设计表

A 药	B 药		
	$1/5 \times MIC$	$1/10 \times MIC$	$1/20 \times MIC$
$1/5 \times MIC$	A 1	A 2	A 3
$1/10 \times MIC$	A 5	A 6	A 7
$1/20 \times MIC$	A 9	A 10	A 11

注：A4 为 A 药 MIC，A8 为 B 药 MIC，A12 空置。

2. 数据处理

$$FICI = FICA + FICB = \frac{MIC_{A+B}}{MIC_A} + \frac{MIC_{A+B}}{MIC_B} \qquad （式 7.16）$$

当 0<FICI<1.0 时，可认为两者具有协同作用（Synergy）；当 1.0≤FICI<4.0 时，可认为两者无相互作用（No interaction），当 4.0≤FICI 时，可认为两者为拮抗作用（Antagonism）。也有的学者认为 FICI ≤0.5 时，也可认为两种具有协同作用。

7.9.4　时间致死曲线

1. 时间致死实验（Time-killing curve）

根据死亡动力学曲线来验证 A 药与 B 药的配伍是否具有协同效应。分别在试管中用培养液配制最小抑菌浓度的 A 药与 B 药，配伍溶液各 10 mL，将指数生长期的细菌加到上述试管中，使菌液浓度为 1.0×10^6 CFU/mL，37 ℃下恒温培养，其中以不加药液的作为对照组。分别在 0、4、8、12、24 小时，从试管中取 20 μL 菌液，稀释后进行平板涂布，24 h 后记录其菌落数，菌落数应该控制在 30~300 克隆，并计算出对应的菌液浓度。以时间为横坐标，菌液浓度的对数值作为纵坐标，绘制时间致死曲线。当 24 h 后，相对于药物单独作用结果。

2. 数据处理

协同作用（Synergy）：log_{10} 菌落数 MIC_A - log_{10} 菌落数 MIC_{A+B}>2，即配伍的菌落的对数值配伍结果的纵坐标值降低 2 以上时表明配伍具有协同作用（如图 2-10）；

无相互作用（No interaction）：log_{10} 菌落数 MIC_A - log_{10} 菌落数 MIC_{A+B}<2。

7.10　真菌菌丝抑制率实验

1. 真菌菌丝抑制率测定

用 6 mm 内径的打孔器将活化好的菌落打孔取样（3 块/皿），菌丝朝下放置于含有不同药液浓度的 PDA 固体培养基上，28 ℃下培养 4 小时后，倒置培养 48 h。测量菌斑直径。① 可用肉眼观察，利用游标卡尺测量；② 解剖镜观察，以相同垂直高度拍照，通过软件测量。选其一即可，不可混用。

2. 数据处理

$$抑制率(\%) = \frac{d_0 - d}{d_0 - 6} \times 100 \qquad （式7.17）$$

式中　d_0—空白培养基菌落直径，mm；

　　　d—加药液培养基菌落直径，mm。

7.11　糖的测定

7.11.1　蒽酮-硫酸法测定总糖含量

1. 溶液的配制

蒽酮反应液：200 mg 蒽酮溶于 100 mL 的 80%的浓硫酸，避光保存，当日使用。

2. 标准曲线

精确称取葡萄糖标准品 10.0 mg，定容于 100 mL 容量瓶中，配制成 0.1 mg/mL 的葡萄糖标准液，分别吸取 0、0.2、0.4、0.6、0.8、1.0 mL，分别加入 1.0、0.8、0.6、0.4、0.2、0 mL 去离子水，再分别加入 4.0 mL 蒽酮试剂，迅速浸于冰水浴中冷却，各管加完后一起浸于沸水浴中，管口加盖玻璃球，以防蒸发，沸水浴 15 min，流水冷却放置 10 min，之后在 624 nm 处测 A 值。以吸光度（A）对葡萄糖浓度（C）作回归处理，0 ~ 10 μg/mL 范围内线性良好。

$$回归方程：A=0.042C+0.034（R^2=0.993） \qquad （式7.18）$$

3. 试样测定

吸取 1 mL 试样置于试管中，再在冰水中加入 4 mL 蒽酮试剂反应，随后步骤同上，在 624 nm 处测 A 值，带入式 7.18。树莓果汁测试一般要稀释 1 000 ~ 1 500 倍。

4. 数据处理

$$样品含糖量(\%) = \frac{n \times C \times V_2 \times d}{M \times V_1 \times 10^6} \times 100 \qquad （式7.19）$$

式中　n—为适合测定范围而稀释的倍数；

　　　C—在标准曲线上查出的糖浓度，μg/mL；

　　　V_2—提取液总体积，mL；

　　　d—体系中的稀释倍数；

　　　M—样品重量，g；

　　　V_1—测定时取用体积，mL；

10^6—样品重量单位 g 换算成 μg 的倍数；

一般计算 100 g 鲜果所含可溶性糖的克数，以%表示。

上式可简化：糖含量(%) $= 5 \times C \times \dfrac{V}{M} \times 100$ （式 7.20）

式中，$\dfrac{V}{M}$ 即液料比。

7.11.2 斐林试剂法

1. 溶液配制

斐林试剂（A 液）：称取 7.5 g $CuSO_4$，0.025 g 次甲基蓝，用去离子水溶解，定容至 500 mL。

斐林试剂（B 液）：称取 25.0 g 酒石酸钾钠，27.0 g NaOH，2.0 g 亚铁氰化钾，用去离子水溶解，定容至 500 mL。

0.1%标准葡萄糖溶液（G 液）：准确称取干燥至恒重的葡萄糖 100 mg，用少量去离子水溶解后加入 8 mL 盐酸，再用去离子水定容至 100 mL。

2. 试样测定

① 空白：250 mL 三角瓶中加入斐林试剂 A、B 液各 5 mL，加去离子水 5 mL，加热至沸腾，用酸式滴定管连续滴加标准葡萄糖溶液，直到蓝色消失出现土黄色，停止滴定（2 min 内完成）。记录滴定用去 G 液用量 V_0。若三角瓶离开电炉后又出现蓝色，不能再继续滴定。

② 还原糖测定：分别用 5 mL 树莓提取物代替去离子水重复上述实验。记录滴定用去葡萄糖溶液用量 V。

3. 数据处理

$$还原糖含量（以葡萄糖计\%）= \frac{n \times (V_0 - V) \times C}{M} \times 100 \qquad（式 7.21）$$

式中　n—稀释倍数；

　　　M—样品质量，g；

　　　C—葡萄糖浓度，mg/mL；

　　　V_0、V—同上，mL。

7.11.3 3,5-二硝基水杨酸法（DNS 法）

1. 主要溶液配制

3,5-二硝基水杨酸（DNS）试剂：将 6.3 g DNS 和 262 mL 2 M 氢氧化钠溶液加入到含 185 g 酒石酸钾钠（$C_4H_4O_6KNa \cdot 4H_2O$）的 500 mL 热水中，再加入 5.0 g 苯酚和

5.0 g 亚硫酸钠（Na_2SO_3），搅拌溶解，冷却，用去离子水定容至 1 000 mL，贮于棕色瓶中备用。

0.25 M 亚铁氰化钾溶液（A 液）：称取 10.6 g 亚铁氰化钾[KFe（CN）$_6$·$3H_2O$]，用水溶解定容至 100 mL。

1.0 M 乙酸锌溶液（B 液）：称取 21.9 g 乙酸锌[Zn（OAc）$_2$·$2H_2O$]，用少量水溶解后加入 3 mL 冰乙酸，用水定容至 100 mL。

1.0 mg/mL 葡萄糖标准溶液：准确称取 100 mg 经 80 ℃ 干燥 2 h 的葡萄糖标准物质，溶解定容至 100 mL。现用现配。

甲基红指示剂：称取 100 mg 甲基红溶于 3.72 mL 0.1 M 氢氧化钠溶液中，稀释至 250 mL，装入滴瓶。

2. 标准曲线

本方法根据中国国家标准 NYT2742-2015，葡萄糖标准曲线测定（略）。葡萄糖在 0 ~ 0.12 mg/mL 浓度范围内线性良好。

$$回归方程：A=13.43C+0.0048，R^2=0.997 \qquad （式 7.22）$$

3. 试样测定

10.0 g 树莓匀浆中加入 A 液和 B 液各 3mL，用去离子水定容至 1 000 mL，放置片刻后过滤，滤液即为待测的树莓糖溶液。取待测糖溶液 1.0 mL，加入 2 mL DNS 试剂，沸水浴 5 min，冷却，定容至 5 mL，在 540 mm 波长下测定吸光度值。

4. 数据处理

$$还原糖含量（以葡萄糖计\%）=\frac{n \times V_1 \times V_3 \times V_5 \times C}{M \times V_2 \times V_4 \times 10} \qquad （式 7.23）$$

式中　n —稀释倍数；

　　　M —样品质量，g；

　　　C —葡萄糖浓度，mg/mL；

　　　V_1 —样液定容体积，mL；

　　　V_2 —样液分取体积，mL；

　　　V_3 —分取样液吸取体积，mL；

　　　V_4 —测定液吸取体积，mL；

　　　V_5 —测定样液体积，mL。

5. 总糖测定

待测糖溶液中可溶性总糖含量的测定：5.0 mL 待测糖溶液中加入 1 mL 6 M HCl，沸水浴 10 min，6 M NaOH 调至中性后，按照还原糖的测定步骤操作。

7.12　皂苷的测定

1. 标准曲线的测定

用分析天平精确称取 1.8 mg 齐墩果酸标准品于 10 mL 容量瓶中，加入甲醇超声溶解定容，制得 0.18 mg/mL 标准液，分别量取 0 mL、0.1 mL、0.2 mL、0.4 mL、0.6 mL、0.8 mL、1.0 mL 的标准液于 10.00 mL 具塞玻璃试管中，60 ℃ 水浴吹干，各加入 0.2 mL 5%香兰素-冰乙酸溶液和 0.80 mL 高氯酸，振荡后于 60 ℃ 水浴中加热 15 min 后取出，流水冷却中止反应，各加入 5.0 mL 乙酸乙酯，振荡摇匀，甲醇作空白，反应 30 min 后于 547 nm 处测定吸光度。以吸光度 A 为纵坐标，以样品质量 M 为横坐标，绘制标准曲线，在 0～150 μg 范围内线性关系良好。

$$回归方程：A=5.021\ 8\ M+0.085\ 5，R^2 = 0.999 \qquad （式 7.24）$$

2. 总皂苷含量的测定

精确称取 40 mg 样品，用甲醇溶解在 10 mL 容量瓶中定容。取 0.1 mL 于具塞玻璃试管中，60 ℃ 水浴挥干，挥干后按上述步骤进行操作测定。通过式 7.24 计算得到皂苷含量。

7.13　小鼠力竭疲劳游泳实验

1. 分组和计量

将小鼠按体重随机分组，每组 8～10 只，记录小鼠体重、身长和尾长。设空白对照组和处理组，处理组一般给药 2 周以上。可腹膜给药和灌胃给药两种方式。以树莓叶片提取物 L2 为例，设定 10、100、200 mg/kg/天的量灌胃小鼠。

2. 负重游泳

计重后，将小鼠尾部负重 3～8%体重的铅丝或重物，置于 50 cm×50 cm×40 cm 的游泳池中游泳，水温 30±1 ℃，记录小鼠开始游泳至小鼠口鼻没入水面以下 8 S 止停止计时，所记录时间即小鼠游泳力竭时间。

3. 恢复或处死

可重复给药或作为锻炼实验；或立即脱臼处死。

4. 解剖前计量

处死后测量身长、尾长。

5. 解剖后计量

测量皮下、附睾和腹部脂肪、心、肝脏、脾脏、肺、肾脏、睾丸重量。

6. 计算和公式

① 小鼠负重比例和力竭时间经验值见表 7-2。

表 7-2　小鼠负重比例和力竭时间经验值

负重（%）	对照组
3	<60 min
5	<30 min
7	<20 min
8	<10 min

② 小鼠体重指标 BMI（kg/m²）：

$$BMI = \frac{体重（kg）}{身高（m^2，不含尾长）} \qquad （式7.25）$$

③ 小鼠脂肪含量 API（%）：

$$API(\%) = \frac{脂肪组织（皮下、附睾和腹部）重量}{体重} \times 100 \qquad （式7.26）$$

注：30 g 以内小鼠灌胃量 100～300 μL 药液/天，相当于药粉量应在 10～200 mg/kg/天。0.9%NaCl 生理盐水用于配制药液、设置对照组。

7.14　果胶的相关测定

7.14.1　酯化度（DE）测定

1. 溶液配制

0.1 mol/L 的 NaOH 溶液：0.4 g NaOH 溶于 100 mL 去离子水。

0.1 mol/L 的 HCl 溶液：

① 一般市售浓盐酸质量分数为 36%～38%，以 37%含量为例，密度为 1.19 g/mL，1 L 浓盐酸其摩尔数为 37%×（1.19×1 000）/36.5=12 mol，摩尔浓度即为 12 mol/L。1 mL 浓 HCl 稀释 120 倍，即为 0.1 M HCl 溶液。

② 若含量为 36.5%，取 0.84 mL 浓 HCl 稀释到 100 mL 去离子水中，即为 0.1 M HCl 溶液。

2. 试样测定

精确称量 0.1～0.5 g 待测果胶样品于具塞锥形瓶中，加入 100 mL 新制无二氧化碳水（去离子水煮沸脱气）将果胶完全溶解（可溶胀过夜），加入 5 滴酚酞指示剂，用标准溶液滴定至果胶溶液呈现粉红色，其 NaOH 溶液滴定体积记为 V_1。

在相同的条件下以去离子水代替果胶溶液作为空白对照，其 NaOH 溶液滴定体积记为 V_0。

接着向该样液中加入 20 mL 的 0.1 mol/L 的 NaOH 溶液，混匀后置于 40 ℃水浴恒温摇荡 4 小时，充分反应后加入 20 mL 的 0.1 mol/L 的 HCL 溶液，振摇至溶液颜色褪去，滴加 5 滴酚酞指示剂，继续用 0.1 mol/L 的 NaOH 溶液滴定，记录所用 NaOH 溶液的体积为 V_2。

3. 结果计算

果胶酯化度计算公式：

$$DE(\%) = \frac{V_2}{V_1 + V_2 - V_0} \times 100 \qquad （式 7.27）$$

式中 V_0—滴定去离子水所用 NaOH 体积，mL；

       V_1—第一次滴定果胶所用 NaOH 体积，mL；

       V_2—第二次滴定果胶所用 NaOH 体积，mL。

7.14.2   半乳糖醛酸测定

1. 溶液配制

1 mol/LNaOH 溶液：称取 4.0 g NaOH，用去离子水溶解并定容至 100 mL。

0.1%咔唑乙醇溶液：称取 0.1 g 咔唑，用无水乙醇溶解并定容至 100 mL。

2. 半乳糖醛酸标准曲线的测定

准确称取半乳糖醛酸 50 mg，溶解于去离子水中，分别加入 0.1 mL 1M NaOH，并定容至 50 mL，得 1 mg/mL 的半乳糖醛酸原液。移取上述原液 1、2、3、4、5、6、7 mL 分别注入 100 mL 容量瓶中，稀释至刻度，即得一组浓度为 10、20、30、40、50、60、70 μg/mL 的半乳糖醛酸标准溶液。分别吸取上述不同浓度的半乳糖醛酸溶液各 1 mL 于 25 mL 玻璃试管中，各加入 0.25 mL 的咔唑乙醇溶液，产生白色絮状沉淀，并不断摇动试管，再快速加入 5 mL 浓硫酸，摇匀。立刻将试管放入 85 ℃ 水浴振荡 20 min，取出后再放入冰水中使之冷却。然后立刻用分光光度计在 525 nm 波长处测量吸光值。以半乳糖醛酸浓度 C 为横坐标，吸光度值 A 为纵坐标，绘制标准曲线。用 1 mL 蒸馏水、0.25 mL 的咔唑乙醇溶液和 5 mL 浓硫酸混合后作为空白。

在 0 ~ 70 μg/mL 范围内线性关系良好。

$$标准曲线：A=0.006C+0.0779（R^2 = 0.996） \qquad （式 7.28）$$

3. 试样测定

① 果胶的提取。

称取 1 g 树莓组织样品置于 50 mL 刻度离心管中，加入 25 mL 95%乙醇溶液，沸水浴加热 30 min，充分搅拌（注意及时补加醇溶液），取出冷却至室温，于 4 000 r/min 离心 15 min，弃去上清液，取沉淀，加 95%乙醇溶液，沸水浴加热。重复此步骤，直至上清液不再产生糖的 Molish 反应为止。检验方法：取上清液 0.5 mL 注入小试管中，加入 5%α-萘酚的乙醇溶液 2 ~ 3 滴，充分混合，此时溶液稍有白色浑浊。然后，使试管稍稍倾斜，用吸管沿管壁慢慢加入浓硫酸 1 mL（注意水层与浓硫酸不可混合）。将试管稍静置后，若在两液层的界面产生紫红色色环，则证明提取液中含有糖分。

② 可溶性果胶测定。

沉淀（以树莓果实为样品）加 20 mL 去离子水溶解，50 ℃ 水浴 30 min，取出后冷却，4 000 r/min 离心 15 min，上清液加入 100 mL 容量瓶中。重复水提过程，再把水提取液并入同一容量瓶中。加入 5 mL 1M 氢氧化钠溶液，用水稀释至刻度。以此溶液代替半乳糖醛酸，测定方法和步骤同上。

③ 不溶性果胶（原果胶）测定。

沉淀（以树莓叶片或叶片提取物为样品）若加水不溶，仍沉于离心管底部，则向该离心管中加入 25 mL、0.5 mol/L 硫酸溶液，于沸水浴中加热 30 min，取出后冷却，4 000 r/min 离心 15 min，上清液转入 100 mL 容量瓶中，并加水至刻度。以此溶液代替半乳糖醛酸，测定方法和步骤同上。

4. 数据处理

$$果胶含量（半乳糖醛酸含量 mg/g）= \frac{C \times V}{M} \qquad （式 7.29）$$

式中　C—半乳糖醛酸浓度，mg/mL；

　　　V—沉淀定容体积，mL；

　　　M—式样质量，g。

7.15　鲜果的相关指标测定

7.15.1　滴定法测定可滴定酸含量

1. 样品制备

将 10 g 树莓果实匀浆，用去离子水稀释至 100 mL，混匀后离心或过滤，取上清液为样液，记录体积 V_0。

2. 测试步骤

装有样液的烧杯置于磁力搅拌器上，放入搅拌棒，插入 pH 计电极，在不断搅拌下用 0.1 M NaOH 滴定至 pH 8.3（酚酞的显色终点是 pH 8.2）左右，在 pH 8.1±0.2 的范围内。记录氢氧化钠溶液的总体积 V_1。

3. 数据处理

① 计算公式

$$可滴定酸度〔mmol/100g（mL）〕= \frac{C \times V_1}{V_0} \times \frac{250}{M(V)} \times 100 \qquad （式 7.30）$$

式中　可滴定酸度以每 100 g 或 100 mL 中氢离子毫摩尔数表示；

　　　C—氢氧化钠标准溶液摩尔浓度；

　　　V_1—滴定样液所消耗的氢氧化钠标准溶液体积，mL；

　　　V_0—吸取滴定用的样液体积，mL；

　　　$M（V）$—试样质量，g 或体积，mL；

　　　250—试样浸提后定容体积，mL；

②试样的可滴定酸度以某种酸的百分含量表示，按式 7.31 计算：

$$可滴定酸（\%）=\frac{C \times V \times k}{V_0} \times \frac{250}{M(V)} \times 100 \qquad （式 7.31）$$

式中，k 为换算为某种酸克数的系数，见表 7-3，其余符号同（式 7.30）。

表 7-3　常用换算表

酸的名称	换算系数	习惯用以表示的果蔬制品
苹果酸	0.067	果仁和浆果类
一结晶水柠檬酸	0.070	柑橘和浆果类
柠檬酸	0.064	树莓
酒石酸	0.075	葡萄
草酸	0.045	菠菜
乳酸	0.090	盐渍和发酵食品
乙酸	0.060	醋渍制品

4．说明

本方法参考国家标准 GB/T 12293-1990（水果、蔬菜制品可滴定酸度的测定），但该标准被 NY/T 1841-2010 苹果中可溶性固形物、可滴定酸无损伤快速测定近红外光谱法取代。

7.15.2　滴定法测定维生素 C

1．溶液配制

准确称取 50 mg 抗坏血酸，溶于 1% 的草酸溶液中，并稀释至 500 mL，贮棕色瓶，冷藏保存，最好临用时配制。

2% 草酸溶液：草酸 2.0 g，溶于 100 mL 去离子水中。

1% 草酸溶液：草酸 1.0 g，溶于 100 mL 去离子水中。

0.01% 2, 6-二氯酚靛溶液：50 mg 2, 6-二氯酚靛溶于 300 mL 含有 104 g NaHCO₃ 的热水中，冷却后加水稀释至 500 mL，滤去不溶物，贮于棕色瓶内。冰箱保存一周。每次临用时以标准维生素 C 溶液标定。

2. 标定 2, 6-二氯酚靛酚溶液的浓度

量取标准维生素 C 溶液 1 mL，加 9 mL 1%草酸混匀加入 50 mL 锥形瓶中，同时量取 10 mL 1%草酸加入另一个 50 mL 锥形瓶中作空白对照，用已标定的 2,6-二氯酚靛酚滴定至粉红色出现，15 秒不褪色。记录所用的毫升数，计算每毫升 2,6-二氯酚靛酚所能氧给维生素 C 的毫克数（K）。

3. 试样测定

去离子水洗净新鲜的树莓，用吸水纸吸干表面水分，然后称取 5 g 树莓，加 2%的草酸 5 mL，置研钵中研成浆，倒入 100 mL 的容量瓶内，用 2%草酸洗涤数次，最后定容至刻度，充分混匀后过滤，弃去最初几毫升滤液。

取 50 mL 锥形瓶 2 个，分别加入滤液 10 mL，用已标定的 2, 6-二氯酚靛酚溶液滴定至终点，以微红色能保持 15 秒不褪色为止，整个滴定过程宜迅速，不宜超过 2 min，空白滴定方法同前，记录两次滴定所得的结果，求平均值 V_1。

4. 数据处理

根据实验数据计算出每 100 g 样品的维生素 C 含量：

$$维生素C(mg) = \frac{V_1 \times V_2 \times K \times V}{W \times V_3} \times 100 \qquad （式 7.32）$$

式中　V_1—滴定样品液所用去染料体积，mL；

　　　V_2—滴定空白所用去染料体积，mL；

　　　K—1 mL 染料能氧化维生素 C 的量，mg；

　　　V_3—样品测定时所用滤液体积，10 mL；

　　　V—样品提取液的总体积，mL；

　　　W—称取样品重量，g。

7.15.3　可溶性固形物含量

挤压果实，将榨出的汁液滴到手持式折射仪上，观测果实可溶性固形物含量，以%表示。

7.15.4　果出汁率

取成熟的树莓果实 500 g，匀浆离心，计算所得果汁质量与果实质量比，即果出汁率。

7.16　GC-MS 测定树莓籽油的脂肪酸成分

1. 甲酯化

取油样 0.2 g，加 0.5 mol/L 氢氧化钾-甲醇溶液 4.0 mL，65 ℃ 水浴皂化 1 h，水浴时震荡试管，使其与试剂充分混匀。反应完成后取出冷却 3 min，然后用 50% 的硫酸溶液调节 PH 至 7.0。调节 pH 时每次只需用玻璃棒蘸取少量 50% 硫酸溶液，以免加过量。加硫酸-甲醇（体积比 1∶10）溶液 8 mL 酯化反应 30 min。加正己烷 10 mL，振摇，饱和氯化钠溶液 4.0 mL 盐析，静置，取上清液置于 10 mL 容量瓶，甲醇定容。吸取上层的脂肪酸甲酯，待作 GC 分析。

2. GC-MS 条件

HP-5 MS 弹性石英毛细管柱，30 m×0.25 mm×0.25 μm；升温程序：初始温度为 100 ℃，保持 5 min，然后以 10 ℃/min 升至 250 ℃，保持 10 min；进样量为 0.2 μL；载气（高纯氦气）流量为 1.5 mL/min，分流比为 20∶1；溶剂延迟 3 min。

MS 条件：电子轰击（EI）离子源；离子源温度 230 ℃；进样口温度 200 ℃；倍增器电压 1 376 V，电子能量 70 eV；发射电流 34.6 μA，接口温度 280 ℃。扫描范围为 20 ~ 500 amu。

7.17　HPLC-MS 测定树莓活性物质

1. 溶液配制

将绿原酸、表儿茶素、鞣花酸等对照品（含量>98%），分别配制成 1 mg/mL 的母液，经过 0.22 μm 滤膜（有机相/水相），再用去离子水或质谱级（LC-MS 级）甲醇或乙腈稀释到相应梯度，如 1、5、10、20、40、80 μg/mL。可以将所要检测的多个对照品根据需要制备成混合对照品，简化上机和计算工作。

2. 试样测定

样液浓度须低于 1 mg/mL，经 5 000 r/min 离心 10 min 后，取上清液过 0.22 μm 滤膜（有机相/水相），过膜后置于 2 mL 顶空瓶中。以树莓叶片提取液为例，一般稀释 10 倍后待测。

3. 质谱条件

电喷雾电离（ESI）离子源；负、正离子扫描模式；毛细管温度 320 ℃；鞘气流速 40；辅助气流速 10；喷雾电压 2.5 ~ 3.5 kV；全扫描的扫描范围 100 ~ 1 000 *m/z*。

4. 色谱条件

色谱柱为 C18 Hypersil GOLD 色谱柱（100 mm × 2.1 mm，3 μm）。流动相为水（A，

含有 0.1% 乙酸）和甲醇（B，含有 0.1%甲酸），流速为 0.3 mL/min。柱温为 40 ℃。进样方式为自动进样，进样量 2 μL。梯度洗脱条件如下：0~1.5 min，10% B；1.5~2.5 min，10%~15% B；2.5~4 min，15% B；4~6 min，15%~25% B；6~8 min，25% B；8~9 min，25%~70% B；9~10.5 min，70%~10% B；10.5~12 min，10% B。

7.18　HPLC-MS 检测树莓提取物中的活性成分列表

编号 1-129 为负离子模式[H]⁻，编号 130-143 为正离子模式[H]⁺。见表 7-4。

7.19　补充说明

1. 所有比色法测定时，应保证吸光度 A 值在 0.2~0.8 之间，否则应相应稀释或增加试样浓度。

2. 所有测试应重复至少 3 次。

3. 配制液体样品时，应该是体积分数，但是本书用浓度表示，其意等同。

4. 考虑到篇幅的问题，本书并未像写文章一样，把所有借鉴的观点和数据对应上参考文献，只列出了最重要的一部分。

表 7-4 常见活性化合物列表

编号	m/z	分子式	分类	中文名	英文名
1	133.0125	$C_4H_6O_5$	有机酸	苹果酸	malic acid
2	137.0233	$C_7H_6O_3$	多酚	水杨酸/芝麻酚/原儿茶醛/对羟基苯甲酸/间羟基苯甲酸	salicylicacid/1,3-benzodioxol-5-ol/3,4-dihydroxybenzaldehyde/4-hydroxybenzoic acid/3-hydroxybenzoic acid
3	153.0182	$C_7H_6O_4$	多酚	原儿茶酸(3,4-二羟基苯甲酸)/2,3-二羟基苯甲酸/2,5-二羟基苯甲酸/2,6-二羟基苯甲酸/3,5-二羟基苯甲酸/2,4-二羟基苯甲酸	protocatechuate/2,3-dihydroxybenzoicacid/2,5-dihydroxybenzoicacid/2,6-dihydroxybenzoicacid/3,5-dihydroxybenzoicacid/2,4-dihydroxybenzoic acid
4	163.0390	$C_9H_8O_3$	多酚	4-香豆酸(对羟基桂酸)/间羟基桂酸	p-coumaric acid/2-coumaric acid/trans-3-coumaric acid
5	163.0754	$C_{10}H_{12}O_2$	多酚	覆盆子酮/丁香酚/桧木醇	raspberry ketone/engenol/β-thujaplicin
6	167.0339	$C_8H_8O_4$	多酚	3-甲氧基水杨酸/4-甲氧基水杨酸/6-甲氧基水杨酸/香草酸(4-羟基-3-甲氧基苯甲酸)/异香草酸(3-羟基-4-甲氧基苯甲酸)	2-hydroxy-3-methoxybenzoicacid/2-hydroxy-4-methoxybenzoicacid/2-hydroxy-5-methoxybenzoicacid/2-hydroxy-6-methoxybenzoic acid/vanillic acid/3-hydroxy-4-methoxybenzoicacid
7	169.0131	$C_7H_6O_5$	多酚	没食子酸(3,4,5-三羟基苯甲酸)/2,3,4-三羟基苯甲酸/2,4,6-三羟基苯甲酸	gallic acid(3,4,5-trihydroxybenzoic acid)/2,3,4-trihydroxybenzoic acid/2,4,6-trihydroxybenzoic acid
8	175.0237	$C_6H_8O_6$	维生素	维生素C(抗坏血酸)	vitamin C(L-ascorbic acid)
9	179.0338	$C_9H_8O_4$	多酚	咖啡酸(3,4-二羟基肉桂酸)/阿司匹林	cis-caffeic acid/acetylsalicylic acid
10	181.0495	$C_9H_{10}O_4$	多酚	高香草酸(4-羟基-3-甲氧基苯基乙酸)/高异香草酸(3-羟基-4-甲氧基苯基乙酸)/丁香醛	homovanillic acid(4-hydroxy-3-methoxyphenylacetica cid)/isohomovanillic acid(3-hydroxy-4-methoxyphenylacetic acid)/syringaldehyde
11	189.1022	$C_{11}H_{14}N_2O$	生物碱	金雀花碱	cytisine
12	191.0185	$C_6H_8O_7$	有机酸	柠檬酸	citric acid
13	193.0495	$C_{10}H_{10}O_4$	多酚	阿魏酸(3-羟基-4-甲氧基肉桂酸)/异阿魏酸(4-羟基-3-甲氧基肉桂酸)/乙酰香兰素	ferulic acid (4-hydroxy-3-methoxycinnamic acid)/trans-isoferulic acid (3-hydroxy-4-methoxycinnamicacid)/vanillin acetate

编号	m/z	分子式	分类	中文名	英文名
14	195.0499	$C_6H_{12}O_7$	糖	葡萄糖酸/D-半乳糖酸	gluconic acid/D-galactonic acid
15	197.0444	$C_9H_{10}O_5$	多酚	没食子酸乙酯/丁香酸（4-羟基-3,5-二甲氧基苯甲酸）/丹参素	ethyl gallate/syringic acid/(2R)-3-(3,4-dihydroxyphenyl)-2-hydroxypropanoic acid
16	199.1693	$C_{12}H_{24}O_2$	脂肪酸	月桂酸（正十二酸）	dodecanoic acid
17	209.0656	$C_7H_{14}O_7$	糖	D-A-葡萄庚糖/甘露庚糖	D-glucoheptose/D-mannoheptose
18	215.0339	$C_{12}H_8O_4$	植提物	佛手柑内酯/8-甲氧基补骨脂素（花椒毒素）/异佛手柑内酯	5-methoxypsoralen/methoxsalen(xanthotoxin)/5-methoxyfuro[2,3-h]chromen-2-one
19	223.0679	$C_{11}H_{12}O_5$	多酚	芥子酸/抗倒酯	trans-sinapic acid/trinexapac
20	227.0703	$C_{14}H_{12}O_3$	多酚	白藜芦醇	resveratrol
21	233.1536	$C_{15}H_{22}O_2$	醇类	莪术醇/3,5-二叔丁基水杨物醛	curcumenol/3,5-bis(1,1-dimethylethyl)-2-hydroxy-benzaldehyde
22	253.0495	$C_{15}H_{10}O_4$	多酚	大豆苷元/大黄酚/5,7-二羟黄酮（白杨素）	daidzein/chrysophanol/chrysin
23	253.2173	$C_{16}H_{30}O_2$	脂肪酸	棕榈油酸/香棠苏二醇	palmitoleic acid/1-(2-hydroxyethyl)-2,5,5,8a-tetramethyl-3,4,4a,6,7,8-hexahydro-1H-naphthalen-2-ol
24	255.0651	$C_{15}H_{12}O_4$	黄酮	甘草素/异甘草素/乔松素	liquiritigenin/isoliquiritigenin/pinocembrin
25	255.2325	$C_{16}H_{32}O_2$	脂肪酸	十六烷酸（棕榈酸）	palmitic acid
26	269.0445	$C_{15}H_{10}O_5$	黄酮	芹菜素/黄芩素/染料木素/大黄素/高良姜素/芦荟大黄素	apigenin/baicalein/genistein/emodin/galangin/aloe emodin
27	277.2171	$C_{18}H_{30}O_2$	脂肪酸	亚麻酸/西门木炔酸/皮诺敛酸	linolenic acid/pinolenic acid/trans-11-octadecen-9-ynoic acid
28	279.2323	$C_{18}H_{32}O_2$	脂肪酸	亚油酸/塔日酸	linoleic acid/tariric acid
29	281.2485	$C_{18}H_{34}O_2$	脂肪酸	油酸/反油酸	oleic acid/elaidic acid
30	283.0601	$C_{16}H_{12}O_5$	黄酮	汉黄芩素/金合欢素/毛蕊异黄酮/千层纸素A	wogonin/acacetin/calycosin/biochanin A/

编号	m/z	分子式	分类	中文名	英文名
31	283.2640	$C_{18}H_{36}O_2$	脂肪酸	硬脂酸/十六酸乙酯	stearic acid/ethyl hexadecanoate
32	285.0394	$C_{15}H_{10}O_6$	黄酮	山萘酚/木犀草素/野黄芩素/黄芩素/橡精/漆黄素/金色草素	kaempferol/luteolin/scutellarein/datiscetin/fisetin/aureusidin
33	285.0969	$C_{13}H_{18}O_7$	多酚	水杨苷/天麻素/昔黑酚葡萄糖苷	salicin/gastrodin/(2R,3S,4S,5R)-2-(hydroxymethyl)-6-(3-hydroxy-5-methylphenoxy)oxane-3,4,5-triol
34	289.0707	$C_{15}H_{14}O_6$	多酚	儿茶素/表儿茶素	(+)-catechin/(-)-epicatechin
35	291.0135	$C_{13}H_8O_8$	多酚	短叶苏木酚酸	brevifolin carboxylic acid
36	293.1747	$C_{17}H_{26}O_4$	酚类	[6]-姜酚/恩贝林	gingerol/embelin
37	297.2424	$C_{18}H_{34}O_3$	脂肪酸	蓖麻油酸	ricinoleic acid
38	300.9979	$C_{14}H_6O_8$	多酚	鞣花酸	ellagic acid
39	301.0343	$C_{15}H_{10}O_7$	黄酮	槲皮素/桑黄素/洋槐黄素/羟基木犀草素	quercetin/morin/robinetin/hypolaetin
40	301.0707	$C_{16}H_{14}O_6$	黄酮	橙皮素/苏木精/高圣草素	hesperetin/(+)-haematoxylin/homoeriodictyol
41	303.0499	$C_{15}H_{12}O_7$	黄酮	花旗松素(二氢槲皮素)/二氢桑色素/刺槐亭	taxifolin/dihydromorin/(2R,3R)-3,7-Dihydroxy-2-(3,4,5-trihydroxyphenyl)chroman-4-one
42	305.0656	$C_{15}H_{14}O_7$	多酚	儿茶素/表没食子儿茶素/白矢车菊素	(+)-gallocatechin/(-)-epigallocatechin/(+)-Leucocyanidin;
43	311.0973	$C_{11}H_{20}O_{10}$	糖	3-O-β-D-吡喃半乳糖-D-阿拉伯糖/棉子糖	3-O-β-D-galactopyranosyl-D-arabinose/ /xylosucrose
44	313.2373	$C_{18}H_{34}O_4$	脂类	己二酸二正己酯	dihexyl adipate
45	315.0499	$C_{16}H_{12}O_7$	黄酮	异鼠李素/怪柳黄素/杜鹃黄素/6-甲氧基山萘酚/3-邻甲基槲皮素	isorhamnetin/rhamnetin/tamarixetin/azaleatin/6-methoxykaempferol/3',4',5,7-tetrahydroxy-3-methoxyflavone
46	317.0291	$C_{15}H_{10}O_8$	黄酮	杨梅素(杨梅酮)/六羟黄酮(栎草亭)	myricetin/quercetagetin
47	319.0448	$C_{15}H_{12}O_8$	黄酮	二氢杨梅素/桑黄素	(+)-dihydromyricetin/morin hydrate
48	323.0761	$C_{15}H_{16}O_8$	多酚	茵芋苷/伞形酮7-b-D-葡萄糖苷/银叶树苦素	skimmin/umbelliferone 7-b-D-glucoside/leucodrin

7 树莓研究中常用实验方法

编号	m/z	分子式	分类	中文名	英文名
49	325.0918	C$_{15}$H$_{18}$O$_8$	提取物	白果内酯	bilobalide
50	325.1282	C$_{16}$H$_{22}$O$_7$	多酚	覆盆子酮葡糖苷（树莓苷）/丁香酚葡糖苷	raspberry ketone glucoside
51	331.0048	C$_{16}$H$_{12}$O$_8$	黄酮	西伯利亚落叶松黄酮	laricitrin
52	337.0918	C$_{16}$H$_{18}$O$_8$	多酚	4-甲基伞形酮-β-D-葡糖苷/4-甲基酰氧基苯豆素-β-D-吡喃半乳糖苷	3-methylumbelliferyl β-D-glucopyranoside/4-Methylumbelliferyl-beta-D-galactopyranoside
53	339.0711	C$_{15}$H$_{16}$O$_9$	多酚	秦皮甲素/瑞香苷/菊苣苷	esculin/daphnin/cichoriin
54	339.2319	C$_{23}$H$_{32}$O$_2$	多酚	4,4'-亚甲基双(2-叔丁基-6-甲基苯酚)(抗氧剂2246)	4,4'-methylenebis（2-tert-butyl-6-methylphenol）
55	341.0867	C$_{15}$H$_{18}$O$_9$	酚酸	咖啡酸 3-β-D-葡糖苷	caffeic acid 3-glucoside
56	341.1078	C$_{12}$H$_{22}$O$_{11}$	糖类	蔗糖/乳糖/龙胆二糖/海藻糖	sourose/lactose/gentiobiose/α,α-trehalose
57	343.0660	C$_{14}$H$_{16}$O$_{10}$	多酚	茶皂素	Theogallin
58	349.2010	C$_{20}$H$_{30}$O$_5$	萜类	穿心莲内酯	andrographolide
59	353.0867	C$_{16}$H$_{18}$O$_9$	多酚	绿原酸	chlorogenic acid
60	355.0671	C$_{16}$H$_{20}$O$_9$	提取物	未知	
61	357.1028	C$_{12}$H$_{22}$O$_{12}$	糖类	乳糖酸（路易斯酸）/纤维二糖	lactobionic acid/cellobionic acid
62	359.0761	C$_{18}$H$_{16}$O$_8$	多酚	迷迭香酸	rosmarinic acid
63	371.0761	C$_{19}$H$_{16}$O$_8$	黄酮	5-去甲氧基鸢尾素	noririsflorentin
64	371.1337	C$_{17}$H$_{24}$O$_9$	黄酮	紫丁香苷(刺五加苷)	syringin
65	415.1024	C$_{21}$H$_{20}$O$_9$	黄酮	葛根素/大豆苷	puerarin/daidzein 7-O-β-D-glucoside
66	417.0831	C$_{20}$H$_{18}$O$_{10}$	黄酮	山奈酚 3-阿拉伯呋喃糖苷（胡桃宁）	kaempferol 3-arabinofuranoside(Juglanin)
67	431.0973	C$_{21}$H$_{20}$O$_{10}$	黄酮	芹菜素-7-葡萄糖苷（大波斯菊苷）/槐角苷/牡荆素	apigenin-7-O-glucoside/Sophoricoside/vitexin
68	431.0973	C$_{21}$H$_{20}$O$_{10}$	黄酮	染料木苷	genistein 7-O-β-D-glucoside/
69	433.0402	C$_{19}$H$_{14}$O$_{12}$	酚类	鞣花酸-4-O-β-D-吡喃木糖/鞣花酸-戊糖苷	Ellagic acid 4-O-xylopyranoside/ellagic acid pentoside

编号	m/z	分子式	分类	中文名	英文名
70	433.0765	$C_{20}H_{18}O_{11}$	黄酮	扁蓄苷/槲皮素-3-D-木糖苷	avicularin/Quercetin 3-D-xyloside(reynoutrin)
71	433.1129	$C_{21}H_{22}O_{10}$	黄酮	柚(苷)配基-7-O-葡糖苷（樱桃苷）	naringenin 7-O-glucoside
72	441.0816	$C_{22}H_{18}O_{10}$	黄酮	儿茶素没食子酸酯/表儿茶素没食子酸酯	catechin gallate/epicatechin gallate
73	445.0765	$C_{21}H_{18}O_{11}$	黄酮	黄芩苷/芹菜素-7-葡萄糖醛酸	baicalin/apigenin 7-glucuronide
74	447.0558	$C_{20}H_{16}O_{12}$	多酚	蛇莓苷 A	ducheside A
75	447.0922	$C_{21}H_{20}O_{11}$	黄酮	木犀草素-7-O-L鼠李糖苷/木犀草苷/山萘酚-3-葡萄糖苷/紫云英苷/槲皮苷	luteolin 7-O-D-glucosid/Kaempferol 3-O-glucoside/Quercitrin
76	447.1508	$C_{19}H_{28}O_{12}$	酚类	苔黑酚龙胆二糖苷	orcinol gentiobioside
77	449.1078	$C_{21}H_{22}O_{11}$	多酚	圣草酚-7-O-葡糖苷/马里苷/黄杞苷	eriodictyol-7-glucoside/marein/engeletin
78	451.3207	$C_{30}H_{44}O_{3}$	萜类	灵芝酸/苦楝内酯	ganoderic acid/kulactone
79	455.3520	$C_{30}H_{48}O_{3}$	萜类	齐墩果酸/熊果酸	oleanolic acid/ursolic acid
80	457.0765	$C_{22}H_{18}O_{11}$	黄酮	没食子儿茶素没食子酸酯/表儿茶素没食子酸酯	(+)-gallocatechin gallate/(-)-Epigallocatechin gallate
81	459.0922	$C_{22}H_{20}O_{11}$	黄酮	汉黄芩苷/汉黄芩素-7-O-葡萄糖酸醛酸苷	wogonin/wogonin 7-O-glucuronide
82	461.0726	$C_{21}H_{18}O_{12}$	黄酮	野黄芩苷/山萘酚 D 葡萄糖醛酸苷	scutellarin/kaempferol-3-O-glucuronide
83	461.1078	$C_{22}H_{22}O_{11}$	黄酮	鸢尾苷/柯伊利素-7-O-葡萄糖苷/当药苷	tectoridin/chrysoeriol 7-O-glucoside（Thermopsoside）/apigenin 6-glucosyl-7-O-Rmethyl ether/Hispidulin 7-O-glucoside;
84	461.1654	$C_{20}H_{30}O_{12}$	多酚	连翘酯苷 E	Forsythoside E
85	463.0871	$C_{21}H_{20}O_{12}$	黄酮	槲皮素-3-O-葡糖苷（异槲皮苷）	quercetin-3-glucoside(isoquercitrin)
86	465.1028	$C_{21}H_{22}O_{12}$	黄酮	车前子苷/花旗松素 3'-葡糖苷	plantagoside/dihydroquercetin 3'-glucoside
87	475.0507	$C_{21}H_{16}O_{13}$	多酚	鞣花酸衍生物（MS/MS 300.99）	ellagic acid derivative
88	475.1810	$C_{21}H_{32}O_{12}$	酯类	1,1,2,2,3,3-丙烷六羧酸六乙酯，2,2,3,3,4,4-六烷六羧酸，2,2,3,3,4,4-六乙酯	deacylisomartynoside/pentanehexacarboxylicacid,2,2,3,3,4,4-hexaethyl ester)

编号	m/z	分子式	分类	中文名	英文名
89	477.0664	$C_{21}H_{18}O_{13}$	黄酮	槲皮素-3-O-葡萄糖醛苷	quercetin 3-O-β-D-glucuronide
90	477.1028	$C_{22}H_{22}O_{12}$	黄酮	异鼠李素-3-O-葡萄糖苷	isorhamnetin-3-O-glucoside、
91	485.3262	$C_{30}H_{46}O_5$	萜类	皂皮酸	quillaic acid
92	487.1235	$C_{24}H_{24}O_{11}$	黄酮	6''-O-乙酰黄豆黄苷	6''-O-acetylglycitin
93	487.3054	$C_{29}H_{44}O_6$	萜类	远志酸	polygalic acid
94	487.3418	$C_{30}H_{48}O_5$	萜类	积雪草酸	asiatic acid
95	489.0664	$C_{22}H_{18}O_{13}$	多酚	鞣花酸衍生物（MS/MS 315.02，300.99）	ellagic acid derivative
96	501.3211	$C_{30}H_{46}O_6$	萜类	苜蓿酸	medicagenic acid
97	503.0761	$C_{30}H_{16}O_8$	二蒽酮类	金丝桃素	hypericin
98	503.3367	$C_{30}H_{48}O_6$	萜类	羟基积雪草酸	adecassic acid
99	517.3160	$C_{30}H_{46}O_7$	萜类	灵芝酸 C2/夹竹桃苷	ganoderic acid C/odoroside-A
100	529.3007	$C_{27}H_{46}O_{10}$	提取物	未知（MS/MS: 483.06，285.04）	unknow
101	561.1403	$C_{30}H_{26}O_{11}$	黄酮	黑儿茶素 C	gambiriin C
102	564.4173	$C_{37}H_{57}O_4$	提取物	未知	unknow
103	571.2902	$C_{32}H_{44}O_9$	萜类	灵芝酸 H	ganoderic acid H
104	577.1341	$C_{30}H_{26}O_{12}$	黄酮	原花色素 B	procyanidin B
105	577.1552	$C_{27}H_{30}O_{14}$	黄酮	牡荆素-2-O-鼠李糖苷	vitexin-2-O-rhamnoside
106	583.3014	$C_{32}H_4N_2O_8$	生物碱	高乌甲素	lappaconitine
107	593.1290	$C_{30}H_{26}O_{13}$	黄酮	银椴苷（密蒙花苷）/原花色苷 A	tiliroside/proanthocyanidins A
108	593.1442	$C_{34}H_{26}O_{10}$	黄酮	穗花杉双黄酮 7,4',7'',4''-四甲基醚	mentoflavone 7,7'',4',4''-tetramethyl ether
109	593.1501	$C_{27}H_{30}O_{15}$	黄酮	山柰酚-3-O-芸香糖苷/山柰酚-3-葡萄糖鼠李糖苷（百蕊草素）	kaempferol-3-O-rutinoside/Kaempferol-3-glucorhamnoside
110	603.3891	$C_{35}H_{56}O_8$	萜类	地榆皂苷 II/牡丹草苷 A	ziyuglycoside II/hederagenin 3-O-arabinoside
111	607.1294	$C_{27}H_{28}O_{16}$	黄酮	槲皮素衍生物（MS/MS: 301.04）	quercetin derivative

编号	m/z	分子式	分类	中文名	英文名
112	609.1450	$C_{27}H_{30}O_{16}$	黄酮	芦丁/山柰酚-3-O-龙胆二糖苷/槲皮素3-O-洋槐糖苷/橙皮苷	rutin/Kaempferol-3-O-gentiobioside/Quercetin-3-O-robibioside/Hesperitin-7-rutinoside
113	621.2959	$C_{38}H_{42}N_2O_6$	生物碱	汉防己甲素	tetrandrine
114	623.1607	$C_{28}H_{32}O$	黄酮	水仙苷	narcissoside Isorhamnetin 3-O-rutinoside
115	623.1971	$C_{29}H_{36}O_{15}$	黄酮	毛蕊花糖苷/连翘脂素(连翘酯苷 A)	verbascosid/Forsythoside A
116	626.1477	$C_{27}H_{30}O_{17}$	黄酮	槲皮素-3-O-槐糖苷（白麻苷）	quercetin 3-beta-D-sophoroside（Baimaside）
117	633.0722	$C_{27}H_{22}O_{18}$	单宁	柯里拉京	corilagin
118	645.1217	$C_{27}H_{30}O_{16}\cdot HCl$	黄酮	丽春花青苷	mecocyanin
119	649.3946	$C_{36}H_{58}O_{10}$	萜类	具柄冬青苷	Pedunculoside
120	663.2276	$C_{32}H_{45}BrN_2O_8$	生物碱	氢溴酸高乌甲素	lappaconitine Hydrobromide
121	665.3895	$C_{36}H_{58}O_{11}$	萜类	齐墩果酸-D-葡萄糖酯	1-O-[(2α,3β,19α)-2,3,19,23-Tetrahydroxy-28-oxoolean-12-en-28-yl]- β-D-glucopyranose
122	679.3688	$C_{36}H_{56}O_{13}$	萜类	细叶远志皂苷	Tenuifolin
123	755.2029	$C_{33}H_{40}O_{20}$	黄酮	山柰苷 A/山柰酚-3-槐二糖-7-鼠李糖苷	Camelliaside A / Kaempferol 3 sophoroside-7-rhamnoside
124	783.0690	-	鞣花单宁	-	sanguiin H-10
125	934.0700	-	鞣花单宁	-	sanguiin H-6
126	957.5054	$C_{48}H_{78}O_{19}$	萜类	积雪草苷	asiaticoside
127	1246.4300	-	鞣花单宁	-	lambertianin D
128	1250.6000	-	鞣花单宁	-	lambertianin C without ellagic moiety
129	1401.0100	-	鞣花单宁	-	lambertianin C
130	287.0549+	$C_{15}H_{11}O_6$	花色苷	花色素（矢车菊素）	cyanidin
131	307.0788+	$C_{15}H_{14}O_7$	黄酮	棓儿茶酸(没食子儿茶素)/表没食子儿茶素	(+)-gallocatechin /(-)-epigallocatechin/leucocyanidin
132	419.0973+	$C_{20}H_{19}O_{10}$	花色苷	矢车菊-3-O-木糖苷	cyanidin-3-O-xyloside
133	433.1145+	$C_{21}H_{21}O_{10}$	花色苷	天竺葵素-3-O-葡萄糖苷	pelargonidin-3-O-glucoside (Pg-3-glu)

编号	m/z	分子式	分类	中文名	英文名
134	449.1079+	$C_{21}H_{21}O_{11}$	花色苷	矢车菊素-3-O-葡萄糖苷/矢车菊-3-O-半乳糖苷	cyanidin-3-O-glucoside (Cy-3-glu)/cyanidin 3-O-galactoside
135	465.1028+	$C_{21}H_{21}O_{12}$	花色苷	飞燕草素-3-O-葡萄糖苷	delphinidin-3-O-glucoside (Dp-3-glu)
136	493.1341+	$C_{23}H_{25}O_{12}$	花色苷	锦葵素-3-O-葡萄糖苷	malvidin-3-O-glucoside (Mv-3-glu)
137	581.153+	$C_{26}H_{29}O_{15}$	花色苷	矢车菊素-3-O-桑布双糖苷	cyanidin-3-O-sambubioside
138	595.1663+	$C_{27}H_{31}O_{15}$	花色苷	花色苷（凯拉花青，矢车菊素-3-O-芸香糖苷）/天竺葵色素苷-3-O-芸香糖苷/天竺葵素-3-槐香糖苷，天竺葵-3,5-二葡糖苷，天竺葵-2,5-二葡糖苷	cyanidin 3-O-rutinoside /pelagonidin-3-O-sophoroside
139	611.1604+	$C_{27}H_{31}O_{16}$	花色苷	矢车菊-3-O-槐香糖苷/花翠素-3-O-芸香糖苷	cyanidin 3-O-sophoroside（cyanidin-3,5-diglucoside）/delphinidin 3-O-rutinoside
140	727.208+	$C_{32}H_{39}O_{19}$	花色苷	矢车菊-3-木糖芸香糖苷	cyanidin-3-xylosylrutinoside
141	757.2186+	$C_{33}H_{41}O_{20}$	花色苷	矢车菊素-3-木糖基芸香糖苷/牵牛花色素-3-（2-葡糖基芸香糖苷）	cyanidin-3-(2G-glucosylrutinoside)/petuidin-3-(2G)-xylosylrutinoside
142	773.1924+	$C_{36}H_{37}O_{19}$	酰基化花色苷	矢车菊-3-O-咖啡酰葡萄糖-5-O-葡糖	Awobanin cation
143	979.2686+	$C_{44}H_{51}O_{25}$	酰基化花色苷	矢车菊-3-[2-（2-芥子酰基-葡萄糖基）-葡萄糖苷]-5-葡萄糖苷	cyanidin 3-[2-(2-sinapoyl-glucosyl)-glucoside]-5-glucoside

注："m/z"数据通过 Thermo Xcalibur 软件计算 1-129[H]⁻，130-143[H]⁺；"（）"表示别名；"/"表示同分异构体。

参考文献

[1] 陈晨，朱飞，张晓雯，等. 不同保存条件下麻疯树油理化指标变化[J]. 北京农学院学报. 2018，33（4），91-95.

[2] 陈金祥，杨静，刘淑珍，等. 多种植物总酚含量和抗氧化能力的测定和比较分析[J]. 山西大学学报. 2019，DOI:10.13451/j.cnki.shanxi.univ（nat.sci.）. 2019.01.11.002

[3] 崔京燕，杨静，桑鑫燕，等. 桑椹花青素的提取及其与总黄酮的比较研究[J]. 食品研究与开发. 2018，39（15）：53-60.

[4] 崔京燕. 树莓果实成熟过程中多酚类化合物的变化及其提取和应用[D]. 太原：中北大学，2019.

[5] 陈伟，曹杰，张莹. 蔬菜水果的抗氧化活性与总黄酮含量的相关性[J]. 现代预防医学. 2010，37（7）：1245-1247.

[6] 迟超，杨宪东，王萍. 不同品种红树莓籽油理化性质及脂肪酸组成比较[J]. 中国粮油学报. 2018，33（02）：36-43.

[7] 国家药典委员会编. 中华人民共和国药典[M]. 北京：中国医药科技出版社，2010.

[8] 韩红娟. 树莓叶片次生代谢物的提取、鉴定、分离纯化及活性研究[D]. 太原：中北大学，2018.

[9] 韩红娟，杨静，陈晓，等. 树莓叶片中主要抗氧化物质提取工艺优化研究. 云南大学学报（自然科学版）. 2018，40（2）：321-331.

[10] 姜波，胡文忠，刘长建. 九种植物油中脂肪酸成分的比较研究[J]. 食品工业科技. 2015，36（8）：108-113+118.

[11] 刘冰. GC-MS 分析测定 5 种植物油中脂肪酸成分研究[J]. 食品工业. 2014，35（4）：222-224.

[12] 刘海英，仇农学，姚瑞祺. 我国 86 种药食两用植物的抗氧化活性及其与总酚的相关性分析[J]. 西北农林科技大学学报（自然科学版）. 2009，37（02）：173-180.

[13]刘蒲，王国权. 五环三萜类化合物的药理作用研究进展[J]. 海峡药学. 2018，30（10）：1-6.

[14] 王俊浩. 探究植物提取物行业科技发展现状、问题及建议[J]. 农民致富之友. 2018，（12）：17.

[15] 武彦辉. 树莓干果粗提物的纯化、活性及成分研究[D]. 太原：中北大学，2017.

[16] 武彦辉，杨静，原倩倩，等. 树莓干果粗黄酮纯化和活性研究[J]. 云南大学学报（自然科学版）. 2016，38（4）：676-682.

[17] 杨静. 树莓的产业化综合发展[J]. 食品研究与开发. 2015，作者论坛.

[18] 杨静，刘永平，梁龙果，等. 贮藏时间对麻疯树种子萌发率和总体出油量的影响[J]. 种子. 2016，35（6）：74-77+81.

[19] 杨静，王茜，韩红娟，等. 树莓黄酮提取工艺的响应面法和正交法比较[J]. 食品研究与开发. 2015，36（18）：101-105.

[20] 杨静，武彦辉，刘缘晓，等. 树莓干果总黄酮纯化前后活性比较[J]. 食品研究与开发. 2015，36（23）：1-5.

[21] 姚静阳，杨静*，崔京燕，等. 三种不同提取方式对红树莓籽油成分的影响. 种子. 2019. 38（6）：19-24.

[22] 於洪建. 我国健康植物多酚产业发展研究[D]. 沈阳：沈阳药科大学，2016.

[23] 曾建国. 我国植物提取物行业科技发展现状、问题及建议[J]. 中草药. 2006，（01）：2-12.

[24] 臧慧明，吴林，张强. 树莓籽与树莓叶副产物的开发进展[J]. 食品工业科技. 2017，38（24）：325-330.

[25] 张佰清，吴迪. 树莓籽油的自氧化及几种抗氧化剂对其抗氧化性能影响的研究[J]. 食品工业科技. 2014，35（1）：125-128.

[26] 张东升主编. 树莓[M]. 北京：中国林业出版社，2012.

[27] 张清华等主编. 树莓栽培实用技术[M]. 北京：中国林业出版社，2014.

[28] 中国科学院中国植物志编辑委员会. 中国植物志 蔷薇科 37 卷[M]. 北京：科学出版社，1985.

[29] ADAM C L, WILLIAMS P A, GARDEN K E, et al. Dose-dependent effects of a soluble dietary fibre (pectin) on food intake, adiposity, gut hypertrophy and gut satiety hormone secretion in rats [J]. PLoS One, 2015, 10(1): e0115438.

[30] BARAL S, PARIYAR R, KIM J, et al. Quercetin-3-O-glucuronide promotes the proliferation and migration of neural stem cells [J]. Neurobiol Aging, 2017, 52: 39-52.

[31] BAYM M, LIEBERMAN T D, KELSIC E D, et al. Spatiotemporal microbial evolution on antibiotic landscapes [J]. Science, 2016, 353(6304): 1147-1151.

[32] BAYM M, STONE L K, KISHONY R. Multidrug evolutionary strategies to reverse antibiotic resistance [J]. Science, 2016, 351(6268): aad3292.

[33] BIALEK A, BIALEK M, JELINSKA M, et al. Fatty acid profile of new promising unconventional plant oils for cosmetic use [J]. Int J Cosmet Sci, 2016, 38(4): 382-388.

[34] BRADISH C M, PERKINS-VEAZIE P, FERNANDEZ G E, et al. Comparison of flavonoid composition of red raspberries (Rubus idaeus L.) grown in the southern United States [J]. J Agric Food Chem, 2012, 60(23): 5779-5786.

[35] CHOI M H, SHIM S M, KIM G H. Protective effect of black raspberry seed containing anthocyanins against oxidative damage to DNA, protein, and lipid [J]. J Food Sci Technol, 2016, 53(2): 1214-1221.

[36] DAVID B. DAVID B. HAYTOWITZ et al. USDA database for the flavonoid content of selected foods (Release 3.3) [M]. Nutrient Data Laboratory, Beltsville Human Nutrition Research Center, Agricultural Research Service, and U.S. Department of Agriculture, 2018.

[37] FIGUEIRA M E, CAMARA M B, DIREITO R, et al. Chemical characterization of a red raspberry fruit extract and evaluation of its pharmacological effects in experimental models of acute inflammation and collagen-induced arthritis [J]. Food Funct, 2014, 5(12): 3241-3251.

[38] GAO W, WANG Y S, HWANG E, et al. *Rubus idaeus* L. (red raspberry) blocks UVB-induced MMP production and promotes type I procollagen synthesis via inhibition of MAPK/AP-1, NF-kappabeta and stimulation of TGF-beta/Smad, Nrf2 in normal human dermal fibroblasts [J]. J Photochem Photobiol B, 2018, 185: 241-253.

[39] GUO C, SHEN J, MENG Z, et al. Neuroprotective effects of polygalacic acid on scopolamine-induced memory deficits in mice [J]. Phytomedicine, 2016, 23(2): 149-155.

[40] JANG H H, KIM H W, KIM S Y, et al. *In vitro* and *in vivo* hypoglycemic effects of cyanidin 3-caffeoyl-p-hydroxybenzoylsophoroside-5-glucoside, an anthocyanin isolated from purple-fleshed sweet potato [J]. Food Chem, 2019, 272: 688-693.

[41] KANG I, ESPIN J C, CARR T P, et al. Raspberry seed flour attenuates high-sucrose diet-mediated hepatic stress and adipose tissue inflammation [J]. J Nutr Biochem, 2016, 3264-72.

[42] KATALINIC V, MILOS M, KULISIC T, et al. Screening of 70 medicinal plant extracts for antioxidant capacity and total phenols [J]. Food Chem, 2006, 94(4): 550-557.

[43] KHAN V, SHARMA S, BHANDARI U, et al. Raspberry ketone protects against isoproterenol-induced myocardial infarction in rats [J]. Life Sci, 2018, 194: 205-212.

[44] KUMAR S, PANDEY A K. Chemistry and biological activities of flavonoids: an overview [J]. Sci World J, 2013, 20131-16.

[45] LEE H J, JUNG H, CHO H, et al. Black raspberry seed oil improves lipid metabolism by inhibiting lipogenesis and promoting fatty-acid oxidation in high-fat diet-induced obese mice and db/db Mice [J]. Lipids, 2018, 53(5): 491-504.

[46] LEE H J, JUNG H, CHO H, et al. Dietary black raspberry seed oil ameliorates inflammatory activities in db/db Mice [J]. Lipids, 2016, 51(6): 715-727.

[47] LEE J H, BAE S Y, OH M, et al. Antiviral effects of black raspberry (*Rubus coreanus*) seed extract and its polyphenolic compounds on norovirus surrogates [J]. Biosci Biotechnol Biochem, 2016, 80(6): 1196-1204.

[48] LEE J H, OH M, SEOK J H, et al. Antiviral effects of black raspberry (*Rubus coreanus*) seed and its gallic acid against influenza virus infection [J]. Viruses, 2016,

8(6).

[49] LI Q, WANG J, SHAHIDI F. Chemical characteristics of cold-pressed blackberry, black raspberry, and blueberry seed oils and the role of the minor components in their oxidative stability [J]. J Agric Food Chem, 2016, 64(26): 5410-5416.

[50] LI Z J, GUO X, DAWUTI G, et al. Antifungal activity of ellagic acid *in vitro* and *in vivo* [J]. Phytother Res, 2015, 29(7): 1019-1025.

[51] MCDOUGALL G, MARTINUSSEN I, STEWART D. Towards fruitful metabolomics: high throughput analyses of polyphenol composition in berries using direct infusion mass spectrometry [J]. J Chromatogr B Analyt Technol Biomed Life Sci, 2008, 871(2): 362-369.

[52] MUNDY L, PENDRY B, RAHMAN M. Antimicrobial resistance and synergy in herbal medicine [J]. J Herb Med, 2016, 6(2): 53-58.

[53] NAYAK B, LIU R H, TANG J. Effect of processing on phenolic antioxidants of fruits, vegetables, and grains--a review [J]. Crit Rev Food Sci Nutr, 2015, 55(7): 887-919.

[54] NICULAE G, LACATUSU I, BADEA N, et al. Rice bran and raspberry seed oil-based nanocarriers with self-antioxidative properties as safe photoprotective formulations [J]. Photochem Photobiol Sci, 2014, 13(4): 703-716.

[55] ODDS F C. Synergy, antagonism, and what the chequerboard puts between them [J]. J Antimicrob Chemother, 2003, 52(1): 1.

[56] PEREIRA T A, GUERREIRO C M, MARUNO M, et al. Exotic vegetable oils for cosmetic O/W nanoemulsions: *in vivo* evaluation [J]. Molecules, 2016, 21(3): 248.

[57] PIESZKA M, TOMBARKIEWICZ B, ROMAN A, et al. Effect of bioactive substances found in rapeseed, raspberry and strawberry seed oils on blood lipid profile and selected parameters of oxidative status in rats [J]. Environ Toxicol Pharmacol, 2013, 36(3): 1055-1062.

[58] QIN G, MA J, WEI W, et al. The enrichment of chlorogenic acid from Eucommia ulmoides leaves extract by mesoporous carbons [J]. J Chromatogr B Analyt Technol Biomed Life Sci, 2018, 1087-10886-13.

[59] SI X, CHEN Q, BI J, et al. Comparison of different drying methods on the physical properties, bioactive compounds and antioxidant activity of raspberry powders [J]. J Sci Food Agric, 2016, 96(6): 2055-2062.

[60] SOJKA M, MACIERZYNSKI J, ZAWERACZ W, et al. Transfer and Mass Balance of ellagitannins, anthocyanins, flavan-3-ols, and flavonols during the processing of red raspberries (Rubus idaeus L.) to Juice [J]. J Agric Food Chem, 2016, 64(27): 5549-5563.

[61] TENG H, CHEN L, HUANG Q, et al. Ultrasonic-assisted extraction of raspberry seed oil and evaluation of its physicochemical properties, fatty acid compositions and

antioxidant activities [J]. PLoS One, 2016, 11(4): e0153457.

[62] WANG J, LIAN P, YU Q, et al. Antithrombotic mechanism of polysaccharides in blackberry (Rubus spp.) seeds [J]. Food Nutr Res, 2017, 61(1): 1379862.

[63] WANG Y, ZHANG D, LIU Y, et al. The protective effects of berry-derived anthocyanins against visible light-induced damage in human retinal pigment epithelial cells [J]. J Sci Food Agric, 2015, 95(5): 936-944.

[64] ZHANG H Y, CHEN L L, LI X J, et al. Evolutionary inspirations for drug discovery [J]. Trends Pharmacol Sci, 2010, 31(10): 443-448.

[65] ZHANG T T, JIANG J G. Analyses on essential oil components from the unripe fruits of Rubus chingii Hu by different methods and their comparative cytotoxic and anti-complement activities [J]. Food Anal Method, 2015, 8(4): 937-944.

[66] ZHU M J, KANG Y, XUE Y, et al. Red raspberries suppress NLRP3 inflammasome and attenuate metabolic abnormalities in diet-induced obese mice [J]. J Nutr Biochem, 2018, 53: 96-103.

[67] YANG J, CUI J, HAN H, et al. Determination of active compounds in raspberry leaf extracts and the effects of extract intake on mice [J]. Food Science and Technology, 2019, https://doi.org/10.1590/fst.35518.

[68] YANG J, CUI J, WU Y, et al. Comparisons of the active components in four unripe raspberry extracts and their activites [J]. Food Science and Technology, 2019, https://doi.org/10.1590/fst.27418.